身边的鱼

|张国刚|　著

版 HAN BOOK

武汉出版社

目录

01   第一章　鱼的生命历程

33

第二章 寻踪江湖

123   第三章 鱼的外形

171   后记　我们的淡水

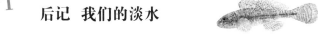

174　　附录

　　水，生命之源。地球形成早期，大量的彗星轰击着地球，并为地球带来生命的关键元素。

第一章

鱼的生命历程

第一节
鱼从哪里来

　　水，生命之源。地球形成早期，大量的彗星轰击着地球，并为地球带来生命的关键元素，水。当持续的彗星坠落渐渐停歇时，从太空中来的这些水在地球表面形成了最初的原始海洋，至此生命的产生成为了可能。

　　生命的产生并不是一蹴而就的，它们经过了漫长的岁月以及无数次的实验。不为人知的演变占据了地球年代的绝大部分时光，就如同一场精彩的舞台剧一般，台下大量时间与精力的精心准备，只为在幕布打开的一瞬间突然而惊艳地展示在我们面前。五亿多年前的寒武纪，生命像是突然爆发般地出现在我们面前，所有现生生物的生命模式都能够在那个时代找到相对应的源头。脊椎动物的最初始状态也已形成，最原始的鱼形动物

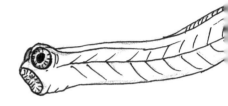

已经游弋在五亿多年前的海洋当中，只是它们相对于我们现代意义上界定的鱼，在形态特征上还相去甚远。到了志留纪，在海洋中才出现了看上去与我们所熟知的鱼类更为接近的鱼形动物，它们是被称为棘鱼类的早期鱼形动物，有着从头至尾成纺锤状的身躯并覆盖鳞片，嘴巴一张一合，在水中用鳃呼吸，有着控制身体运动的一组鱼鳍，它们包括偶鳍状态的左右成对出现的胸鳍和腹鳍、奇鳍状态的背鳍、臀鳍和尾鳍，一根脊柱连接头部延伸至尾端，胸腔部分由脊柱上生长出的肋骨左右护卫而成。现代鱼类的形态特征，在棘鱼身上已经完全体现了出来，对于现今最常见的鱼类外形界定模式，在棘鱼这儿算是正式确定下来。当然我们并不能由此做出结论，棘鱼之前出现的鱼形动物就不属于鱼类了，只是它们作为远古时代最原始的鱼类，在形态上采取的是另外的表现模式。它们同样演化出各种不同的样式和类别，并与具有现代形态模式的鱼类共同繁衍生息了很长一段

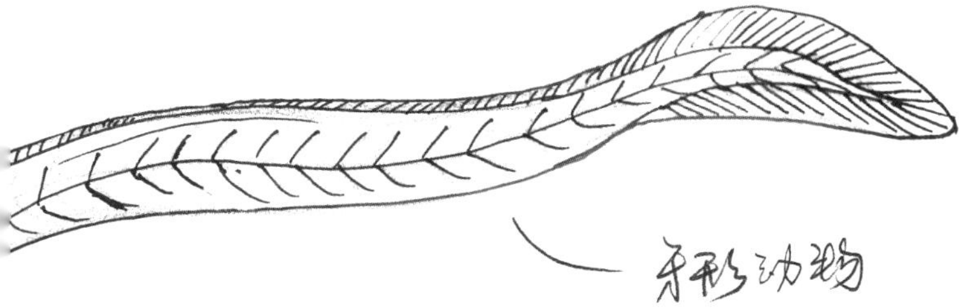

牙形动物

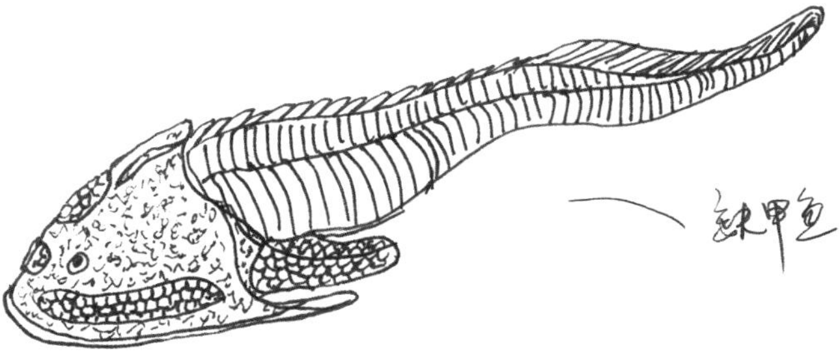

棘甲鱼

时间，最后它们的绝大部分消失在地球的历史长河中。

当属于现代鱼类的祖先开始游弋在地球水体中时，棘鱼作为原始鱼类中最早具备现代鱼类形态特征的物种，也渐渐地退出地球生命的舞台。随后的岁月里，水体中游动的身影越来越接近我们现今所熟悉的样子。如果你回到两亿多年前的海底，水中游动的数以万计的鱼儿们已经与我们所熟知的鱼儿没有了任何差别。我们现今在水中看到的各种鱼类，都是由当时的某几个类群经过数亿年演化，慢慢进化而来的。它们的一些身体细节在无数

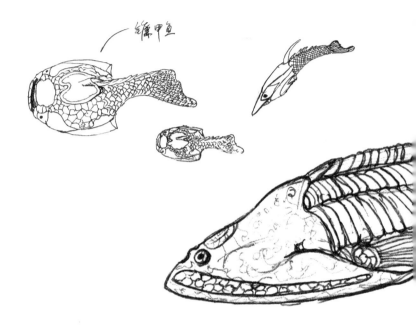

锥甲鱼

代岁月的磨砺下已经面目全非，但是最基本的身体构造模式一直沿习至今，即使在现代，它同样是界定一个生物是否是鱼类的基本标准。生活在水中，头尾一体相连呈水滴状，体附鳞片，用鳃呼吸，单数的背鳍、臀鳍和尾鳍，身体左右分布双数的胸鳍和腹鳍，这是对于一条鱼最基本的认知。

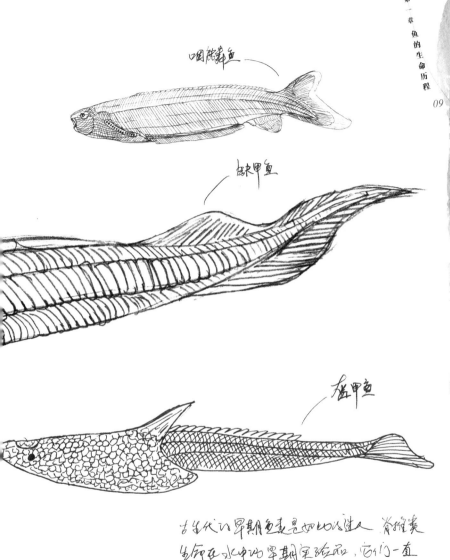

咽颅弃鱼

缺甲鱼

盔甲鱼

古生代以界期鱼类是如此的诱人，脊椎类生命在水中的军期实验品，它们一直吸引着我的注意。

辣鱼

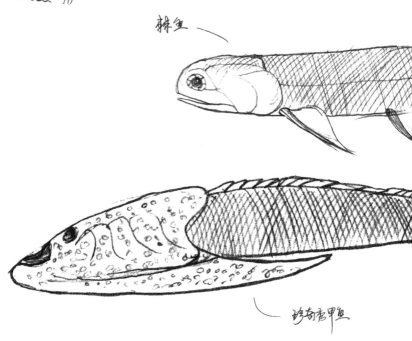

珍奇虎甲鱼

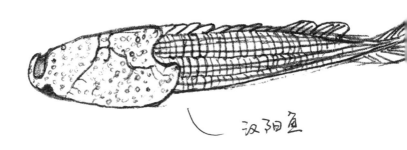

汉阳鱼

背鳍

尾鳍

有背小鳍甲片

鼻孔

眼孔

第二节
身边的"古鱼"

当陆地上的淡水还在孤寂地流淌时，在大洋的怀抱里生命早已热闹起来。能够被称为鱼的生物已经出现在了那里，并不停地繁衍生息、进化。它们绝大部分消失在时间的长河中，我们现今所看到的鱼类，都是由它们中的少数几种演化而来。它们一路交替演进最后形成了现在的鱼类世界，无论是在海水还是淡水中，它们都成为了不可替代的主角。行进的路途中总是充满着变化和意外，当我们回望过去岁月中的鱼儿们，你会赞叹自然造物的神奇。依据近些年科学家们的研究，鱼出现的时间不断地被提前。如今被确定为最早的鱼形动物，叫做昆明鱼，出现于寒武纪早期，有头和躯干，有背鳍，在水中用鳃呼吸，从身体结构上看已经具备一定的游泳

能力。在当时还是一片浅海的昆明市区附近，成群的昆明鱼游弋于海水之中，它们与我们所熟知的三叶虫们共享着同一片海域。作为五亿多年前最早出现的鱼类，虽然它已经具备了鱼的基本形态，但与我们所熟知的鱼还是有着明显的不同。如，身体无鳞片覆盖，只有一条背鳍维系着身体的活动，体内用以呼吸的鳃以开孔的方式与外界联通，头部前端用于觅食的嘴巴只是一个简单的开口，用于嘴巴一张一合的下颌当时还没有进化出来。这种原始嘴巴的形态在以后出现的鱼类身上还会存在很长一段时间，即使在现今，河流、海洋中还生活着少数几种保持这种形态的鱼类，我们把它们统称为无颌鱼类。当第一条鱼出现后，随后的岁月里，各种不同的鱼儿轮番登台，它们大部分的形态有别于我们所熟悉的鱼类，各种奇形怪状的鱼在当时的海洋中呈现出来。当海水退却，当年的海底变成陆地，造山运动使得一部分陆地抬升起来成为山脉。在我们城市的周边就存在

着这样的小山丘，裸露的山体也暴露了它们曾经是海洋的过去。在这些裸露的山石中人们发现了两种生活于四亿多年前浅海中的鱼类，人们把它们分别命名为汉阳鱼和中华棘鱼。它们分属于两个大门类，汉阳鱼属于无颌类中的盔甲鱼亚纲。中华棘鱼则看上去更接近现今的鱼类，身上的鱼鳍多了起来，已经分化出了胸鳍、腹鳍、臀鳍、背鳍和尾鳍。另外一个更重要的变化就是，它的嘴巴已长出了下颌，从此，鱼类可以一张一合地呼吸和觅食了。它们的族群是目前发现的最早的有颌类脊椎动

物，现今所有嘴巴能够一张一合的脊椎动物都与它们有着直接的渊源。在志留纪，武汉这片浅海区里，有两种我们现在已经确认的鱼类分享着这片水域。它们成群地游弋在这片海域，一种在水中快速移动捕食着各种食物，一种则趴在水底滤食着海底沉积的营养物质。汉阳鱼是那个低调的群体，它们普遍可以长到二三十厘米，看上去更像是一群穿着盔甲的大型蝌蚪。一个圆圆扁扁的头部后面拖着逐渐缩小的身躯，整个脑袋被布满瘤点的外骨骼所覆盖，如同古代武士的盔

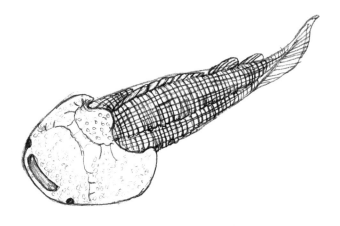

甲，两个小眼睛隔得很开，位于头部前端的左右边缘，在一双眼睛的中间，头部背面的前端有一个拉得很长的开口，这个可不是它的嘴巴，而是早期无颌鱼类特有的一种头部构造，被称为中背孔。到目前为止科学家们还在为这个早期鱼类身体构造的用途争论不休。而它真正的嘴巴则与它的鳃孔一起长在脑袋的底腹部，只有当我们把它整个身体翻过来时才能看得清楚。嘴巴和鳃孔更像是在一个由几块硬壳规律拼接成的平板上钻的孔，只是嘴巴是一长条状的孔隙，而鳃孔则是紧接着分别左右顺序向后排列的一串小圆孔。硕大而又扁平的脑袋后面拖着短小扁平的躯干，身体末端由其衍生物形成了一个不太发达的尾鳍，看上去更像蝌蚪那透明而简单的尾志留纪或现在生活的有两种色类，中华棘鱼与汉阳鱼，中华棘鱼只能见到直的棘刺，而汉阳鱼这类化石也不易采集得到完整的头部化石。盔甲鱼类一般只能保存头甲部分，能保存身体尾部的化石非常罕见。

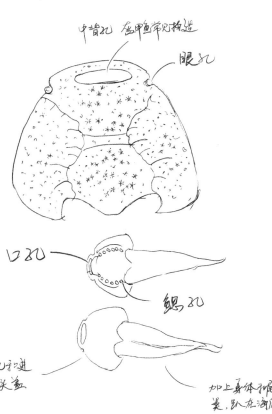

中背孔 盔甲鱼常见构造

眼孔

口孔

鳃孔

呼吸从鳃孔进食，从口孔在头盖的底部

加上身体和尾巴，底栖类，趴在海底滤食

巴。汉阳鱼的身体可能覆盖有一层薄薄的细鳞，背部中脊有一条类似背鳍的隆起结构，除此之外身躯上再无他物。从身体的构造可以看出汉阳鱼并不擅长游泳，更多是靠着头部的摆动，扭动身体，由不太发达的尾巴提供动力，在浅海的海底做短距离摇摇晃晃的笨拙潜行，更多的时候则是成群的趴在水底埋头滤食。汉阳鱼是早期鱼类盔甲鱼中的一种，也是世界范围内主要发现于武汉周边的一种早期鱼类。由于它不善游泳而难以长距离迁徙的特点，汉阳鱼很有可能是长期定居于某一局部区域的特有鱼类。与汉阳鱼同时发现的另一种鱼类则属于善于游泳的类型，流线型的身体、发达的鱼鳍都显示着它

们拥有在水中快速移动的能力。而且其已经出现的下颌和与之对应的宽大嘴巴，说明它可以捕猎一定大小的移动猎物，只是它身体的某些构造与发达的现代鱼类比起来还很原始。尾鳍还只是在尾柄上增生的一层薄膜，不过这次是长在了身体的下端；其他鱼鳍则只是由一根强硬的棘刺撑着与身体相连的薄膜组成，而现代鱼类的鱼鳍则是由一组一组的鳍条与侧褶紧密组合而成的。不过相对于盔甲鱼来说进步的是，成对的胸鳍、腹鳍以及单独的臀鳍等传统意义上的鱼鳍组合这时已经出现，它们使得鱼在水中灵活地游弋成为可能。中华棘鱼普遍个头

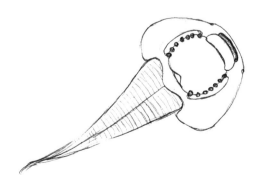

不大，很少有超过二十厘米的个体，它们成群地游弋在远古的海洋之中，可以想象当年它们与汉阳鱼共同生活在一起的情形。四亿多年过去了，它们已经一起消失在了地球的历史长河中，而它们生活的那片海域如今已经变成了陆地，建起楼宇与马路，成为了一个现代都市。当你坐着现代的交通工具穿梭于市区时，你可能难以想象几亿年前这儿曾经游弋着成群的海洋远古鱼类。

第三节
淡水鱼登场

与生命息息相关的，除了海洋，还有未被海水淹没的陆地。如果没有陆地，就无从谈及海洋生物登陆演化为陆地生物，而宝贵的淡水也不会产生。在太阳能的作用下，海洋表面水分自然挥发，成为了云。云升入高空，遭遇冷空气后，又凝集成水滴回到海洋。其中，就有一部分云被运送到了陆地的上空，成为大大小小的雨滴溅落在了陆地之上，淡水出现了。它们冲刷着早期陆地，汇集成河，并在陆地的低洼处汇集成大大小小的湖泊和池塘。在雨水补充适当的情况下，稳定的河流、池塘、湖泊系统生成。地球历史中的某个时刻，海洋中的生命开始了第一次移民，一部分生物顺着水流从海水中迁徙到陆地上的河流、湖泊和池塘中。一开始可能只是

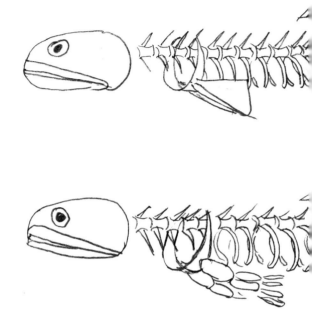

为了避开敌害，而随着时间的推移，它们中的一些定居
下来，成为了终生都生活在淡水中的生物。自此，海水
中热闹的生命情景也开始在淡水中上演。随着环境的变
化、时间的推移，淡水中的生物也因循着自然规律进化
演变。由于淡水系统通过河流与海洋相连，海洋与淡水
中的生物在各自进化中又有着不断的交流。旧的物种灭
绝，新的物种出现的情形同时在淡水和海洋中进行着，
它们相互作用，形成了各自不同却相互交织的生态体

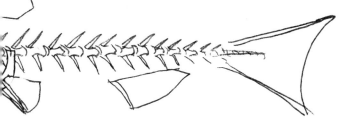

系。在这套变化的淡水水生系统中，有一类极具特色并与我们关系密切的生物族群壮大起来，它们遍布地球各大陆淡水水域，这就是我们所熟知却又很陌生的淡水鱼类。

　　在我们所熟知的生命体系中动物被分成了两大类，脊椎动物和无脊椎动物，其区别在于动物躯体内是否存在一条连接头尾的脊椎。鱼是最早出现的脊椎动物，用现今我们

麦穗，儿时最多见的小鱼儿，池塘水田
到处都是，本国小型淡水鱼中适应
力较强的类别，目前野外的静水水
体中也最为常见。

所熟知的标准进行区分的话，可以如此界定鱼类：用鳃
呼吸，生活在水中，身体背大小不一的鳞片，通过一组
鳍来协调控制身体运动的脊椎动物。而终生生活于淡水
中的类别，我们则统称为淡水鱼。

　　水是非常奇特的存在，它透明却有着不可忽视的密
度和质量；它提供的浮力使得生物体摆脱了自身重量的

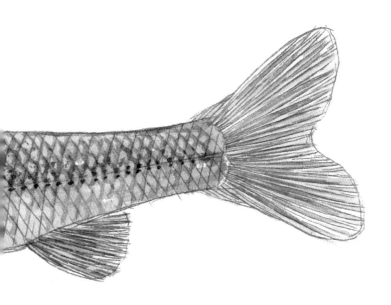

限制而自由游弋，与此同时它的黏稠度又给予其中生物体以极大的阻力。由于陆地地形的不同，淡水水体又分为：山川溪流、峡谷激流、高原河道、平原沟渠、池塘湖泊等不同类型。各种水体中的鱼呈现出各自不同的形态，同时处于水体不同层位的复杂性也会使生活其中的鱼形成适应其生态位的外形。虽如此多变，淡水中的鱼儿在水的作用下还是具有共同的基本模式：头在前尾在后、脊椎贯穿头尾，身体在水中前行，水的阻力与流动性，使得鱼儿的身体呈现出水滴状，这是在流体中最省力最合适的一种形态。为了使身体稳定移动，在水滴状的身躯上生长出了一组鱼鳍，头部后端身体左右一对胸鳍、腹部左右相对一对腹鳍、身躯的上方背部出现一个背鳍、身体下方后半段到尾柄处一个臀鳍、身体末端尾柄连接着一个尾鳍。它们一起互相协调工作。通过全身肌肉摆动身体，尾鳍给予全身向前的动力，头部与胸鳍合力掌握方向与一部分平衡，而背鳍、腹鳍与臀鳍合作完成整个身体的平衡。头部两侧的眼睛起着观察辨识的

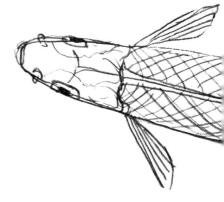

功能。前进当中，水流通过头部最前端一张一合的嘴巴进入，从眼睛之后的鳃盖流出。融满氧气的水在鳃盖之下的鳃丝中流过时，氧通过鳃丝的表面进入到鱼的血液循环，帮助身体产生活动所需的能量。为了在水中保护柔弱的身躯，鱼的身体表面还覆盖了一层硬质的鳞片，而不同的鱼，鳞片大小以及排列方式都有所区别，在鳞片上还有由一个个开放的小孔连成的侧线，置于鱼的身体两侧的中间部位。通过它，鱼的身体能够探测出水流

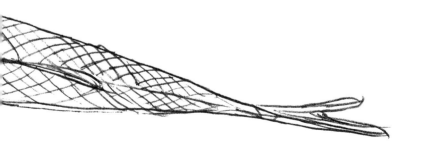

的压力变化，这为鱼在水里自由的活动提供必要的水情信息。这是所有淡水鱼类最基本的身体外形构造，我们所看到的多姿多彩的，让人难以置信的形态都是在此基础上变化而来。

　　下面我们以最常见的一种淡水鱼——麦穗鱼为例，一起从外观来熟悉下淡水鱼的基本组成模式吧。

　　麦穗鱼是小型淡水鱼中极为常见的一种，它的外形代表着几乎所有现生淡水鱼类的外形特征。拥有这种身体构造的鱼类，不仅是淡水中的主人，也在海洋的鱼类家族中占据着绝大多数，它们被统称为辐鳍鱼。辐鳍鱼的鱼鳍是由一根根直接从躯体中生长出来的鳍条，在同一平面内成辐射状伸展开，鳍条之间有由身体皮肤衍生出来薄薄的褶皮相连，形成的扇状结构。运动时，通过身体内与鳍条相连的肌肉，带动成组鳍条做一定的规律运动，如同古代战舰划动的船桨一般，这就是现代辐鳍鱼外形上最为显著的特征。

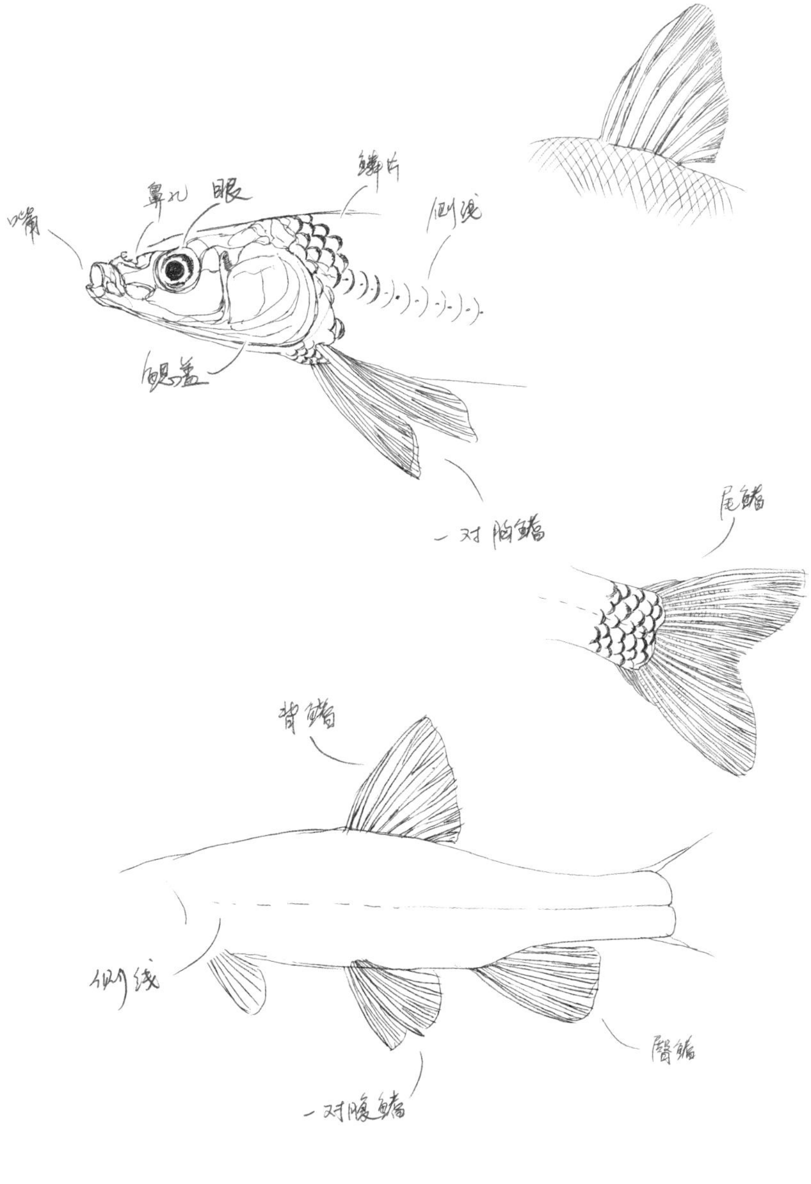

嘴

鼻孔 眼 鳞片

侧线

鳃盖

一对胸鳍

尾鳍

背鳍

侧线

臀鳍

一对腹鳍

从东到西从南到北，地形变化迥异、气候环境截然不同，淡水水域状况千差万别，淡水鱼除了少数广布种外，各地淡水鱼的种属差异很大，一起来体验本国土著淡水鱼的魅力……

第二章

寻踪江湖

　　我国幅员辽阔，从东到西从南到北，地形变化迥异，气候，环境截然不同，淡水水域状况千差万别，因此除了少数广布种外，各地淡水鱼的种属差异很大。不同的淡水生境进化出不一样的淡水鱼种，即使是同一大的区域，两条并不交汇的河流，也会出现完全不同类型的淡水鱼。而同一条河流，如果其流过的地域地形地貌海拔差异巨大、河流的流域有足够长度，其上下游的鱼种也会相应产生差异。如长江上游与中下游的区别，一些上游生活的鱼类绝不会出现在长江的中下游，而除了一小部分有洄游习性的鱼之外，中下游的鱼也同样不会出现在上游。我国土著淡水鱼地区差异大、种类繁多，难以逐一介绍熟悉。下面仅以身边最为常见的数种为例，窥一斑而知全豹，来体验本国土著淡水鱼的魅力。

第一节
本国最小的淡水鱼 ——青鳉

青鳉 *Oryzias latipes*

在我国的淡水水域中广泛分布着一种非常常见的小型淡水鱼类，因体形娇小，它们经常被误认为是其他鱼类的幼体，这种小鱼就是青鳉。青鳉主要生活于低海拔淡水水体中密布水草或遮挡物的浅水区域，以集群的方式出现。青鳉曾经以极大的种群数量分布于从南到北温暖的低海拔区域，在我的祖居地大别山区，普通的池塘小溪以及稻田沟渠，只要是有水的地方都会看到它们的身影。青鳉生活于淡水浅水处，终日游弋于水的表层，取食漂浮于水面的有机碎屑，通过水草等遮挡物躲避敌害，以集群方式行动，性情十分机警。青鳉细小的身躯前端有着一双几乎占据整个头部的眼睛，其头部扁平，因此其口部演化成了上口位的一条线样的开口。当青鳉

贴着水面游动时，其嘴巴永远挨着水面像个吸尘器一样
过滤着水面可能出现的食物。身体从嘴部往后，慢慢收
紧变细成扁扁的侧身状态。青鳉的背鳍不大，而且极其
靠后，几乎快接近尾鳍。从背部的曲线看，背鳍之后短
短的尾柄与背部产生向下的一个弯折，使其紧贴水面游
弋时，尾鳍能完全浸在水中，提供向前行进的推动力。
青鳉臀鳍长而宽大，像是为了弥补背鳍的小巧而在身体
平衡机制上做的补充；胸鳍则是如扇子般，从根部平置
于身体前部，前后摆动，使身体灵动地转向。因此，青
鳉在水面游弋时非常灵活，能悬停于水中，受到惊吓时
迅速移动，潜入水草深处，警报一解除，重新回到水
面。由于青鳉的体形极小，因此虽有鳞片但身体几乎透

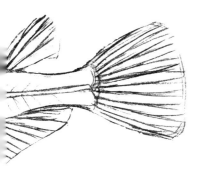

我国俗称最小的淡水鱼，也是最早熟知的种类。常栖遍布于身边那些的各种小水体，最容易获取，年终还正在观察到种类。其为独特的繁殖习性有别于其他普通同类。

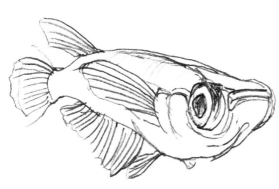

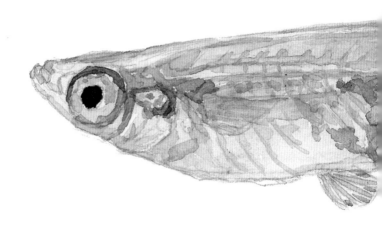

明，从身侧靠近观察，可以清晰地看到头内部的构造，
一根脊椎从头贯穿至尾，尾鳍上鳍条与尾部脊椎的连接
都清晰可见。青鳉的另一有趣之处是:母鱼产卵期间，
会把数量不一的未受精卵挂在臀鳍前方的产卵处，携带
到能被雄鱼授精的地方，因此在气温15摄氏度以上时，
经常能见到携带着数枚或十数枚鱼卵组成的卵泡的母鱼
在水草间游动，只有当卵受精后，母鱼才会把卵甩在浅
水滩的水草中。

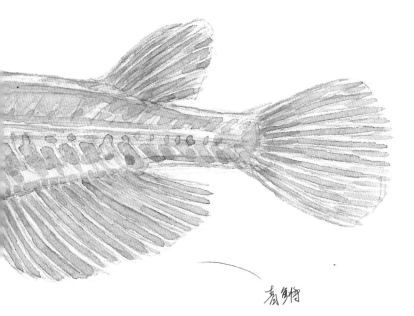

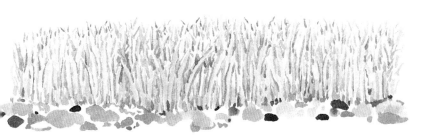

第二节
不是鲤鱼的鲤科鱼

鲤形目 Cypriniformes

儿时经常在小溪流中抓鱼，最常见的就是青鳉与麦穗，鲫鱼反倒金贵起来。野生的鲫鱼身体宽厚有力，但个头不大，几乎都不超过十厘米。而带须的鲤鱼就更少了，难得抓到，印象中在溪流里碰到过一两回，游速极快，倒是在村落的水井里生活着几尾，悠闲地在井边石缝间游弋。似乎在大人们的眼里鲤鱼的地位很高，只有在重大节日或贵客来访时，才能在餐桌上见着。那时还不知道，在一千多种淡水鱼中有一大半与鲤鱼同一个目，被统称为鲤形目。让我们一起来看看，身边几种不是鲤鱼的鲤形目鱼类。

1 鳈亚科 Acheilognathinae

高体鳑鲏 *Rhodeus ocellatus*

在这个大家族中有一种小型鱼类，分布
广泛，最为常见，它们就是鲤形目鲤科中的
鳈亚科类群，经常被误认为是小鳊鱼的小鱼
儿。这个族群目前所知晓的有二十几个种，
近些年还不停有新种被发现。我们现以它们
当中最寻常的一种为例，对它们作最初步的
介绍。高体鳑鲏，鳈亚科鳑鲏属里的一种，
我国南北均有分布，也是最容易采集到的一
种鳑鲏了。它的体形是鳈亚科典型形态，宽
阔，侧扁，难怪不认识的人都会把它当成菜
市场里的小鳊鱼。高体鳑鲏个体不大，很少
超过七厘米。我曾经在宜昌一溪流水域采集
过一尾五厘米长已不再发育的成年雄性。身
体最宽处为中部靠前背鳍的起点，接近二

该种是鳑鲏鱼类中极为艳丽的
种，其雄性在繁殖季节分外
耀眼，在阳光映射下色泽更璀璨，宝石蓝（绿）般
上红色尾鳍，是鱼类天然的
杰作。

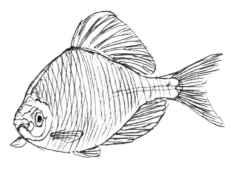

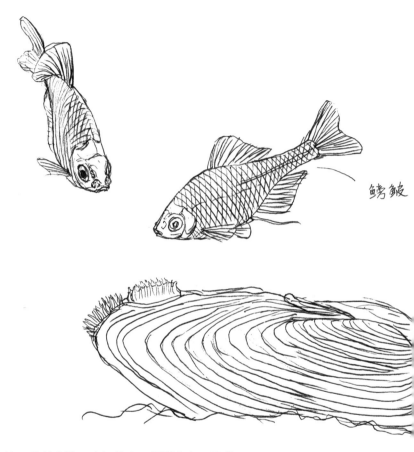

鳕鲏

比一的长宽比，头部狭小，慢慢变宽，从背鳍开始收窄至尾柄；侧身狭窄，如同翻转过来的一块薄饼干，难怪有些地方称其为方片鱼。尾鳍末端分叉，为常见的叉形尾，一对胸鳍一对腹鳍，背鳍与臀鳍相对、宽大，展

开后如同宽阔的船帆，让身体显得更加宽
阔。高体鳑鲏的体色也极具特色。鱊亚科鱼
种的雄性成体会在适合的月份身披婚姻色。
通过自己饲养发现，条件允许的情况下，有
些雄性个体会常年处于这种状态。高体鳑鲏
的色泽比较夸张，从背部开始呈蓝绿色，有
明显的金属光泽。眼睛瞳孔外圈沁红色，沁
红还分布于背鳍与臀鳍的边缘处。雌鱼相对
来讲就平淡无奇，只是性成熟后臀鳍前端生
殖口会拖下来一段长长的产卵器。这不得不
提及鱊亚科鱼类不一样的繁殖习性。它们与
蚌类形成了一种共生关系，雌鱼通过产卵器
将卵从蚌的进水口注入蚌的体内，雄鱼紧接
着在进水口处射精，卵在蚌的体内受精并发
育成幼体，最后被蚌排出体外。因此野外水
域中，优质合适的活体蚌就属于雄性高体鳑

鳑必争之物。曾在野外观察到一对雄鱼的争斗，旁边数尾雌鱼水中围观，我与朋友岸上围观，不相上下十几分钟，最后失败者离去，优胜者拥有了那个蚌、那小块水域以及对那蚌感兴趣的雌鱼。鳑亚科鱼类的这个习性可能与其起源有一定的关系，一种小鱼为了适应季节性降雨的环境，不得不把卵产在能抗击一定干旱的蚌体内，以使种群延续。当大陆环境变得如现今湿润多雨后，随着水流与蚌，它们分布到了各个水域，进化成了我们现在的这二十几种鳑亚科种群，而且由于环境与种群的分化，不同鳑类小鱼会对应着特定类别的蚌。鳑亚科分两个属：一个鳑属，一个鳑鲏属。其区分就在于身体侧线的表现。侧线不完整的为鳑鲏属，而完整的则归进鳑属，实际在野外分辨时还真不太容易看得出。近几年，我在各地采集的此类小鱼近十种，河流湖泊采集各不相同，通过野外观察与室内饲养可以看出，鳑属的鱼皆生活于水流平缓或安静的水域，取食各类有机质小生物以

鳡鲅幼体

及一些水生植物的嫩叶，基本活动于水的中下层，贴着水底在石块水草间活动。虽然有些类别身体会稍稍拉长，但总体上都是侧扁体形，非常适合在水流水草间穿梭游弋，有着极为敏捷的身手。白天在野外水域，如不用诱饵器具，是很难捕捉到成年体的。鳡亚科大部分类别的幼鱼还有着一个共同的特征，背鳍前端一大块黑色斑纹，有些斑纹还会一直保留到成年状态。想通过幼鱼来区分鳡亚科之间的种属，几乎是件不可能的事情。

2 齐氏鱊 *Tanakia chii*

这尾南方溪流中的齐氏鱊，是广东朋友野外采集后的馈赠。明显可以看出许多不同，南北差异明显，它的身体相对来讲要细长些，长宽比有所变化，三比一的样子，头部显得更浑圆，有一对须，体色上与武汉同属的区别就大了，整个身体呈暖色系，背深腹浅，眼睛瞳孔

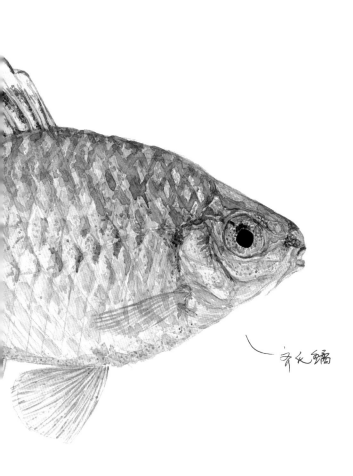

齐文镕

外圈为橘色，尾部中间的那条蓝绿线在暖色映衬下更加
突出。胸鳍腹鳍尾鳍都为黄色系，尾鳍中部从尾柄延伸
出一道黑线，而背鳍外围的那道色彩黄得极其纯粹，异
常醒目，臀鳍也是如此，在末端黑色斑块之后，从前至
后由黄慢慢过渡到橙色。背鳍腹鳍靠近身体端，在鳍条
与鳍条之间有着若隐若现的黑色小斑块。

鼓角鳍

3 越南鱊 *Acheilognathus tonkinensis*

鱊类很常见，几乎洁净点的淡水中都有分布。它们细小而宽扁的体形最引人注目，而雄鱼繁殖期艳丽的婚姻色是留给大家最深的印象。然而不为人知的是，这种寻常的小鱼儿不仅分布广泛，而且种类繁多。在已有二十几种有效种的情况下，每年都还会有新的种被发现。在大的形色的范围内，各种属表面形态表现各异，从小

巧的粗纹暗色鳈到大体形的大鳍鳈，差异极大。色泽上也是如此，既有金属冷色系，又存在浓烈的暖色系。越南鳈就属于体形偏大的暖色系鳈。这尾越南鳈是我的学生在广西柳州附近采集后赠与我饲养的。一开始，在未告知具体采集地点时被自己误认为是来自重庆附近、新近才被发现的西南鳈鲅——两者体形与色泽较接近，都属于较大型鳈类种属，都有着一身火红的衣裳。不过仔细辨认还是可以看出，比起西南鳈鲅，越南鳈的红就属于经济版的了。即便如此，其夸张的色泽对比还是远远的超过了其他几种较常见的鳈类。

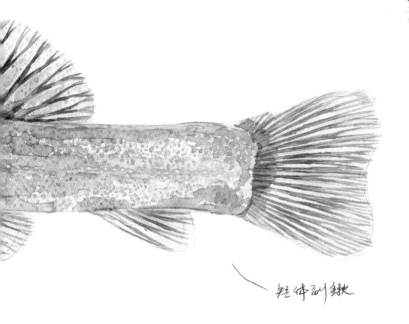

短体副鳅

4　鲤形目 Cypriniformes　副鳅属 *Paracobitis*

短体副鳅 *Paracobitis potanini*

　　一说到鳅，大家自然会想到身边最常见的泥鳅，似乎身边的任何水域都能见到它们，可能你没有想到我国小型淡水鱼中，与鳅相关联的类别组成了一个极其庞大的类群，它们分属在鲤形目中与鲤科平行的三个科中：副鳅科、花鳅科、吸鳅科。泥鳅只是花鳅科中两个具体种的统称。除了吸鳅科由于身体的特化，与我们所认为的鳅的形态相去甚远外，副鳅科与花鳅科的成员们，体形上多多少少都有着我们所认识的"泥鳅"的某些特征。这两科的成员加在一起有两百七十种之多，只不过大家的不在意，使得它们都隐秘在我们生活的这片土地的山山水水之中。

随着自己不断了解和亲身采集，各类不同的鳅让我领悟到了身边物种多样化程度的表现。在一条离武汉不到两百公里的山区小溪中，不经意地发现了这种副鳅，到现在我还没能确定它的具体种属，可能是某类副鳅或是条鳅科中的某类副鳅。那条河段我去采集过数次，每次总是有意避开人们的生活区。一次返程途中，河流穿过了一个热闹的村落，逗留期间在河边村民清洗农具衣物的石板下发现了它们。此鳅嘴馋胆子较大，当受到惊扰时会钻进石缝内躲避，但不一会儿就迫不及待地钻出来取食村民们清洗食物和餐具时遗留的残渣，毫不在意已经跳进水中站在它们旁边的我们。随后的饲养观察发现，它们极爱钻石缝，铺满卵石石块的水域是它们最理想的居所。一旦嗅到食物的味道，马上就从栖身之处钻

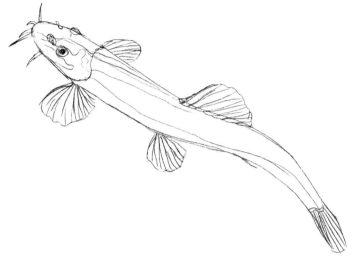

出，游动着身躯用嘴巴快速探寻，有时还不惜游离水底，从其他鱼的嘴里夺食，看样子在野外也会主动捕食小型水生生物。比起其他鳅类，它身形粗短有力，六七厘米长短，背鳍居中，边缘圆润宽阔，背鳍后身体开始慢慢侧扁，后接平整的尾鳍。身体前端一对胸鳍发达，水中靠鱼鳍提供动力游动，身体小幅扭动起到一定的辅助作用。头部略扁平，口吻部带须，吻部两对，口裂末端一对；口阔，眼睛居头部上方中间部位，有暗条纹从吻部延伸至眼前端。身覆细鳞，除靠近尾鳍的尾柄区域有隐约的浅色条纹外，无明显斑纹。整个身体的体色则倾向暖色并有着很微妙的变化。身体上方偏黄，而腹部区域则偏浅紫红，整个身形与分布于宜昌山区的短体副鳅极其相像，只是短体副鳅尾柄泛红，身体布满竖条纹。此鳅胃口好胆子大只食荤腥，极其好养，三四年过去了，除了冬季水温变低活动减少外未见任何异样。

　　副鳅科类别繁多，它们大部分都生活于山区布满卵石的河流中，越是高海拔越是分化出更多的类别，而且其身形的变化也体现出了更多的差异。目前武汉周边，本人只发现这一种，疑似短体副鳅，身形上还是能辨识出基本鳅类特性，但与我们所熟知的泥鳅已经相去甚远。

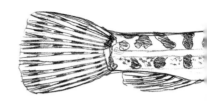

5 鲤形目 Cypriniformes 鳅属 *Cobitis*

中华花鳅 *Cobitis sinensis*

雨水从天空跌落后的进程中就在不停地侵蚀着大地，打磨着岩石、切割着山岭、搬运着石头。在阳光风雨的合力作用下，组成山脉的巨石，越来越小，一部分被磨圆变成了大大小小的卵石，一部分则被碾磨得更细，成为了沙粒。在整条河流中，最上游是巨石，慢慢的是巨大的卵石，然后是愈来愈小的卵石，沙粒开始多了起来，到了河的下游，河床上就基本都是沙粒了。在这些沙粒构成的河底，生活着一种有趣的小型鱼儿，如同面条般细长而且侧扁，大部分身披花斑，性格温顺胆小，群体聚居，野外却不易看到，因为它们都有一项天生的逃窜技能——沙遁法，只要有一丝风吹草动就会迅

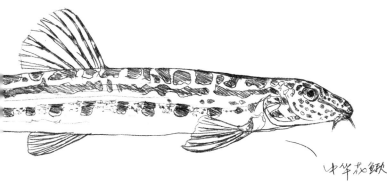

中华花鳅

速钻进沙粒间，把自己整个的埋在河底的沙床中，只露出一对小眼睛观察着水中以及水面上的动静，我们对它们有个统一的称呼"花鳅"。花鳅大概有二十几种不同的类别，因此我们为它们成立了一个花鳅科。最常见的泥鳅也是属于这个大的类别里很小的一个属——泥鳅属中唯一的一种。而我们在菜市场里见到的那种大个的泥鳅，则是大鳞副泥鳅，副泥鳅属里唯一的一种鳅类。从外观体形我们就可以看出花鳅与泥鳅的区别，花鳅身体更细长侧扁，身体布有非常明显的花纹。花鳅只生活在河流中下游的砂石间，而泥鳅多半生活于湖泊沟渠的静水环境，偶有少量会游到河流中生活。在未被破坏干扰的河流里，花鳅们成群趴在沙床上享受着它们的水底沙滩浴场生活。作为对生活质量要求不高的鱼儿，它们放弃了在宽阔水域游弋的快乐，安心地趴在沙滩上，扭动着细长的身躯，吞吐着身体下的砂石，过滤着其中有机质，与世无争得如同一群低头啃食杂草的绵羊。只有当可能的危险降临时，它们才会遁入提供膳食的沙粒的怀抱。不同流域花鳅的类别又各不相同，我在这几年前前后后碰到过六七种不同的花鳅，如今生活在自家鱼缸里的就能辨识四种出来，它们的身体形态，斑纹的规则，头型的特征略有差异。我们还是以最常见的中华花鳅作为熟悉它们的一个样本吧！说实话，花鳅虽说温顺，但其面相却长得有些猥琐，尖尖的头部，一对小眼睛长在尖扁脑袋中段顶部的两旁，略略下弯的吻部下端，有一张环绕着三对小短须的小嘴巴。头部布满了规则的小斑纹，整天一副谨小慎微的样子，

酷似从前蓄短须的账房先生。其实花鳅是很美的，真正仔细观察熟知它的朋友都赞叹它的美丽，特别是它身上的斑纹，如同一位天才艺术设计师的杰作。细长侧扁的身躯，从头至尾密布大小不一似乎随性的斑块，虽看似随意却有着一定规则，与它的身体完美组合没有一丝突兀，可以看出明显的上中下三组，而靠近背部的斑块则延续到了身体的另一边，与身体另一侧的两组斑块组合成另一幅画面。花鳅的鱼鳍上也分布着规则的深色斑纹，短小的背鳍安插在狭长身躯的中段靠后，尾鳍末端平整，与细长的身躯产生呼应，成对的胸鳍腹鳍为其河滩上的匍匐生活提供着平衡。特别是前端的胸鳍，平衡、前行、转向，都是在它的作用下进行，因此显得更有力量更具操纵性。狭小的脑袋在胸鳍以及其他鱼

中华花鳅

鳍的配合下，拖动着狭长灵活的身躯，在水底沙滩中悠闲地匍匐前行，而跨越大点的卵石时，则呈现出蛇行状，一蹭一蹭的，蜿蜒地毫不费劲地爬过障碍物。花鳅偶尔还是会在水中游行，沙遁时，当它的第一个藏匿处被发现后，它会果断地蹿出，扭动着身躯，快速地移动一段距离，在水里泛起沙尘之时重新钻入细沙里，又一次彻底的躲藏起来，所以在我的老家孩子们给它取了个别称"沙坠（方言中通"钻"字）儿"。花鳅分布很广，但对水质有一定的要求，当河床被干扰水质被污染时，它们的踪影也会渐渐消失，因此野外能见到它们的地方已经不多了。

6 爬鳅科 *Balitoridae*

　　相信不会有人拒绝登高望远的乐趣，当站立高山之巅俯瞰大地时，山峦远处一望无

方氏拟腹吸鳅

际的平原尽收眼底，山林、农田、蜿蜒远去
的河流，而你脚下的高山就是那不断宽阔
的河流的起点。当你上山，行进的车辆开
始让你后倾时，你是否注意到马路旁的沟壑
渐渐的越来越深，是否注意到曾经缓缓流淌
的河水开始渐渐地让你听到了它们下行的脚
步？当声响开始能够让你察觉时，你可能不
知道，此时的河流里可能多出一个类群的居
民，声响的原动力通过河水塑造着它们的
身躯，创造出了一种只在山溪中生活的鱼
类——吸鳅。落差越大，能量越大，它们的
身躯就越奇异，独特的构造使得它们在激流
中过着定居的群体生活，它们不仅可以把自
己牢牢地固定在河床底部，而且还可以随意
移动，在那儿自在地觅食、交流、繁衍生
息。越是海拔落差频繁的位置，它们的种群

缨口鳅

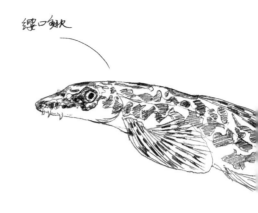

越繁盛,在我国的广大山川它们分化出了将近九十个不同种类。这个类群的成员普遍个头不大,成年个体能超过十厘米的不多,而为了能在流水中牢牢地固定住自己的身体,它们不仅放弃了在水中游弋的乐趣,而且它们的身体与普通鱼看上去有了许多的不同,有些类别甚至看上去一点都不像我们所熟知的鱼类。为了能尽量减少水的阻力,它们的身体越来越扁平,有的如同摊在石块上的面饼,尽可能增加接触硬质河床或水底石块的表面积。流域中的落差越大,里面生活的吸鳅身体越扁平,我们从它们的名字中也可以看出一二:缨口鳅,一般生活在山区第一落差区域,流域内的落差平缓,有一定的攀爬能力,看上去与普通鱼类差别不大;吸鳅,这时山区的落差开始大了起来,需要一定的吸附力量,身体开始变得扁平化;爬岩鳅,主要分布于西南高山的激流瀑布之间,它们可以使自己的身体牢牢地固定在水底平坦的岩石上,再大的激流也很难把它们冲跑。吸鳅的食性几乎都相同，啃食奔腾河流中大小卵石以及石质河床表面生长的藻类，因此它们的嘴巴都转移到了脑袋的下方，只有当它们趴在玻璃上，你才能够看到它身体下方不停在刮食的小嘴巴。在武汉周边几个小的山脉中，吸鳅中的缨口鳅曾经有过分布，但由于流域中一些人为的干预以及水质的变化，已几乎看不到踪迹了。在武汉东边的大别山区以及南边的咸宁山区有过少量的发现，但情形也不容乐观。缨口鳅的种群退化得相当严重，毕竟在溪流中生长的鱼类，对环境的变化更加敏感，稍许的破坏可能就会造成整个种群的绝迹。

　　孩子他妈老家地处重庆小三峡的大宁河源头。跟她描述起吸鳅类小鱼时，她立即就说，这鱼小时候常见，河中的卵石块上爬满了，当地名为"爬岩子"。这让我羡慕不已，等有机会前往时，满河都未见踪迹，最后才在菜市场的鱼摊上见着了一尾活体。它圆扁的身体正如典型激流中的爬岩鳅，看上

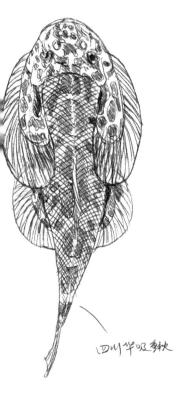

四川华吸鳅

去都快接近比目鱼的感觉了，只不过比目鱼是侧身躺着，而爬岩鳅则是真正地把自己的身体长扁了，腹朝下背朝上地趴在石头上。它身体前后的那对胸鳍和腹鳍极度特化，沿着身躯扁平的边缘扩张，变成了从鳃部以后，覆盖身体两侧宽宽的两组裙边，而且在交接处互相重合，特化的胸鳍覆盖在变化成裙边状的腹鳍之上，而紧接其后的两侧腹鳍最后在尾柄起端重合形成一个完美的圆盘状。如果你想真正弄明白它的长相，得从三个角度去观察才能行。顶视，可以看清其整个背部构造以及胸鳍腹鳍的结合方式，一条明显的中轴线，圆圆的头部后，鼻孔、眼睛、胸鳍、腹鳍分布在左右两侧，一个前宽后细，看上去倒有些像我国古代的乐器琵琶，难怪又有琵琶鱼的别称。从身体的一边侧视，我们可以看到它身体扁平化的程度，头部前端紧贴着石头表面，曲线从吻部开始抬升，身体中间部达到最高，那儿长着一个不显眼的背鳍，后部慢慢收尾，接着一个短小平整的尾

鳍。而它的腹部构造，只有当它紧贴着透明的玻璃时我们才能分辨得清楚，从尾柄之前的腹部完全的扁平化，最前端可以看到从吻部下移的嘴巴，只要身体趴着，就可以不停地啃食经过的平滑石头表面的藻类，嘴巴后方开始一直到腹鳍的交接处形成了一套强大的吸盘系统，当鱼贴在光滑的石块表面时，就能产生足够的吸力，让其牢牢地吸附在湍急激流中的卵石表面。吸盘的外侧，由胸鳍、腹鳍特化的裙边围成了一圈，为吸盘提供额外的保护。当鱼的腹部变平后，透过玻璃我们可以隐隐约约地看到它的内脏系统，它胸部那颗小小红红的跳动的心脏就显得异常明显了。

7 鮈亚科 Gobioninae

在我们身边的淡水世界中生活着一批最为常见，种群数量庞大却极其低调的小鱼，它们几乎都生活于水域里的中下层，形态低调体形偏小，所以往往被人们所忽略，而事实上它们中的每种都各具特色，这是一类被归为鲤形目鮈亚科中的中小型鱼种。由于水域环境和习性的不同，它们分化出了近一百个独立的种，在此让我们通过生活在我们周边最常见的三种小鱼儿，对它们进行一个最初步的了解。

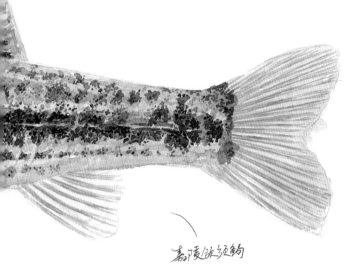

嘉陵颌须鮈

嘉陵颌须鮈 *Gnathopogon herzensteini*

　　长江跨过最后一道屏障后，浩浩荡荡奔向大海，在
其身后留下了一道深深的峡谷，那就是我们所熟知的三
峡。这是长江水系的最后一个台阶，湖北的宜昌就坐落
在这个台阶与平原相接的末梢，这是一个从平原逐步抬
升至高山的过渡区，多变的地形与环境塑造了这儿不一
样的自然生态，平原与高山的物种在此交汇，形成变化
多样的姿态。便利的交通使得宜昌成为我跑野外去得最
勤的区域，几乎每次都会有些不一样的发现。即使在自

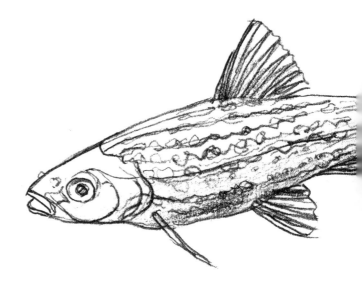

然生态压力剧增的今天，在山区复杂的环境里还是会发现一些可让物种幸存的避难所，嘉陵颌须鮈就是在这里的一处峡谷溪流中寻觅到的。宜昌地区山脉众多雨水充沛，峡谷中水系发达，沿任何一个方向出城，都可以觅到一湾溪水。一次，我从一股溪流的下游开始往上走，沿途观察，水域破坏严重，河水富营养化，水面上几乎看不到鱼类活动的痕迹。下水不停地寻觅，才能偶见一两尾惊慌失措的遗漏者。进入深山后，卵石愈来愈大，两岸峡谷的风景着实漂亮，但水质情况依旧没有太大改观。河岸愈来愈陡峭，公路两旁居户少了起来，隔个几里地才有一两户人家，即便如此还是碰到了下河电鱼的村民，他们走过的河段估计是"寸鱼不生"。越往上游

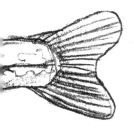

水量越少，两岸的植被茂密起来，有些河段完全被植物遮盖，难以进入。钻过茂密的小竹林，看到流水与水洼，这里的水清澈了不少，透过水，目测到游动的鳑鲏、麦穗、子陵吻虾虎、黑壳虾等。嘉陵颌须鮈就是在这里采集到的。一开始还真的不认识，把它当成了普通的麦穗鱼，只是觉得怎么颜色这么深，身形还胖上许多。还好在放生采集的小鱼时，留了个心带了三四尾回来，不然就错过认识它们的机会了。回到武汉，放进鱼缸，仔细观察后才发现不同，它们真的很像麦穗鱼，都属于鮈亚科，只是一个在颌须鮈属，一个在麦穗鱼属。习性上它们也很相似，都以杂食为主，活跃于水的中下层，不过颌须鮈只生活在溪流环境。仔细观察还是发

现很多不同，颌须鮈的身体粗短似纺锤状，
中间最宽部分截面圆滚异常，头小尾粗短，
身体从头至尾密布深色斑点，并根据身体的
流线连接成线，侧身中间隐约的黑线最粗，
横跨整个身躯，上下各形成三条向两边延伸
至头尾，很漂亮很有形式感的装饰纹样。鱼
鳍分布部位形态与麦穗鱼相似，但背鳍有黑
斑，从鳍条的上中部开始，延伸至最后一根
鳍条，在背鳍上形成一道黑黑的，由粗变细
由深至浅的弧线。头部的嘴型与麦穗鱼相

似，但口裂大得多，而且在嘴巴下端左右各有一根很不起眼的短须，颌须鮈的名称应该由此而来。嘉陵颌须鮈成体个头不大，饲养近一年中，最大的一尾没超过七厘米，麦穗鱼最大的可长到十二厘米，而其他类别的颌须鮈可长到十二厘米左右。在宜昌的峡谷溪流中，嘉陵颌须鮈更多的时候徘徊于河底的卵石之间，取食河床底部的各种营养物质，一旦危险出现，立即就近钻入石块缝隙中躲避，属于非游弋迁徙性鱼类，终生生活于固定的水域。水质良好的情况下，具有一定的适应能力，是峡谷溪流中的基础物种。在发现地，溪流水质即使有一定的破坏，也还是能维持一个低水准的种群数量。如今这三尾嘉陵颌须鮈正自如穿梭于我的鱼缸之中，不知它们的小伙伴们在野外的家乡近况如何？

小鳈 *Sarcocheilichthys parvus*

第一次见到小鳈，就觉得我们身边的小溪中怎么会有这么萌态的小鱼儿，当打听到了它的名字，就更觉有趣了，居然叫小鳈。

慢慢了解后，才发现这名与它还是挺配的，美丽优雅小巧而且很低调，即使在它的家乡，你如果不特别的留意，根本就察觉不出它们的存在。在武汉的东南边有一块静穆而又美丽，被称为中国最美乡村的地方，在那里我第一次在野外遇见了小鳈。小鳈个头不大，最长个体很难超过七厘米，总是三两尾一起在河底布满卵石处，贴着水底游弋着，缓慢地行进，用小嘴不停亲吻着同一块石头的相同区域，亲得差不多了，才缓缓的邻近换个位置。小鳈身形细长背部深色，游动时动作谨慎，在布满深色卵石的河床上确实不易辨识。而且一旦发现危险，它们都会慢慢移进最靠近自己的卵石底部，小心划动着鱼鳍，小眼睛还不停地通过藏身之处的缝隙观察，确定危险解除，才又慢慢从卵石下游出来。即使你发现了它，用手去驱赶，它也不会像其他鱼一样的乱窜，而是在卵石丛中与你躲猫猫，一个不留神就消失在了石缝之中。它们从不让自己暴露在毫无遮挡的开阔水域。每次在野外要采集一尾上来，得费上

小鰁

好大一番工夫。已经成年的经历丰富的小鰁
个体，在布满卵石的流动溪水中，不伤害它
的前提下，是很难采集得到的。而小鰁的幼
体一般都会在浅滩处度过它们的童年期，随
着身体的成长，它们才会逐步地迁移到主河
道水流更大更深布有卵石的河床中。目前自
己的三尾都是野外带回的苗子养大而成，状
态极佳。只有透过透明的鱼缸，才有可能近
距离的观察到它优雅的游姿和美丽的身形。
小鰁的身形很美的，长条状随处都透露着圆
润。无论是胸鳍、腹鳍、背鳍、臀鳍还是尾
鳍，形态都是常见的，但感觉普遍宽阔厚实

了不少，鱼鳍的边缘无一不是圆鬆鬆很平滑的弧线。当它在水中移动时，鱼鳍的每根鳍条都能在一定范围内划动，为身体自如的平衡转向移动提供动力。脑袋前端吻部也是圆圆的，一个很小的嘴巴移到了靠近身体下方的位置，只有当它的身体前端稍稍抬起时才能看得清那张U形的小嘴儿。小鳂身体的色彩与条纹也很具特色，两道宽阔的黑条纹从头贯穿至尾柄，上面一道略浅覆盖整个背部，另一道位于侧身中间部位，从尾柄的中间开始直到头部的鳃盖、眼睛，抵达最前端的吻部时条纹开始变窄收尾。侧身上半部分两道黑纹之间狭长的浅色区

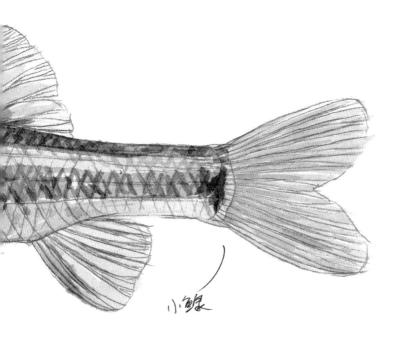

小鳔

域，除了吻部有一丝丝沁红外，在深冷色的对比下透出点浅黄色，相对来讲侧身整个腹部的浅黄色纯度就显得淡多了。色彩在鱼鳍上也有表现，背鳍、胸鳍、腹鳍的鳍条上都有浅浅的沁红附着在上面，灵活宽阔的背鳍略显明显。这沁红居然还有一道儿藏到了小鳔下颌的底部，当鱼游起来，下巴上的那道红色就显得异常明显了。小鳔雌雄之间的差异不大，似乎雌鱼更肥硕些，在身体中段，腹鳍与臀鳍之间多出一小段如同鳑鲏雌鱼般的产卵器，不过短小得多而且还紧贴着腹部，不易为人察觉。小鳔小巧灵活低调而且害羞，主要以水底有机碎

屑以及卵石表面藻类为生，终身生活于清澈溪流的卵石河床中，野外总体的种群数并不高，属于溪流生态中数量偏少的类别。在发现它们的河段我已不间断地观察了四五年，溪流的整体状况不容乐观，也不知它们还能在那里繁衍生息多少时光？

乐山小鳔鮈 *Microphysogobio kiatingensis*

鮈亚科鱼类几乎都是以素食为主，性情温和，其中有很大一部分成员过着底栖的生活，小鳔鮈属就是其中最常见的代表。在武汉周边，长江支流甚多，小鳔鮈就广布于这些河段。我的老家地处长江支流浠水的上游，也是在那儿，我认识了小鳔鮈这个鱼种。武汉地区长江北面的支流，多半发育于大别山区，浠水的源头就位于大别山主峰地区的群山之中。当来自群山的溪水经过一段路程绕过老家县城时，水量大了不少，河床主要以黄沙为主。在下游没有修建水库时，运货的排筏和小船可直通长江，县城为当年湖北安徽物资互通的重要码头。

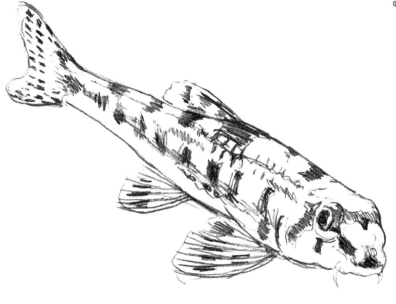

那条铺满黄沙的大河是我儿时常往的乐园，河里的马口、花鳅从小就认识了，而小鳔鮀却是十年前才注意到的。其实它们的种群数量很大，但不同于鱲、马口和花鳅，它们更多生活在河水湍急之处，一察觉到异常就会在水底成群地迁移到更深的区域，寻常时很难发现它们。老家的小鳔鮀体形不大，最大不过六七公分，总是逆着水流成群趴在水底，在河沙中寻找着可进食的营养物质，如同一群群散落于草原上的羊群。由此它的身形有了不少变化，呈拉长的一个水滴状。整个身体圆滚滚的，前段更为厚实，腹鳍之后开始缩小侧扁，尾柄拉长，背鳍移到了身体的前部，头部圆滚而厚实，一对大眼睛位于头部前端的两旁，吻部变得更为发

达，整个移到了身体下方。当小鳔鮈趴在水底时，嘴巴
直接就可轻吻着沙石了。嘴的末端左右各有一对厚实的
短须。两组明显的深绿色斑块排列在身体的背部与侧身
中间部，组成了由头至尾大小不一却有规律的深色连
线。为了对抗水流，小鳔鮈除了臀鳍外，其他鱼鳍都很
发达有力，尾鳍呈浅叉尾状，每片鱼鳍的鳍条上都布有
连接成线的深色斑点。小鳔鮈性情温和，群居为生，同
类间偶有纷争也只是点到为止，无忧无虑地滤食着沙粒
中的可食碎屑，在野生环境下种群数量可观。小鳔鮈虽
温顺无争，但水域的污染、河床的破坏对它们依旧具有

乐山小鳔鮈

强大的影响。记得曾在一处溪流见过水底成群游动的小鳔鮈，甚为壮观，很是欣喜。然而时隔两年再去，河水已被污染，往日繁盛的小鳔鮈景观不复存在，只有零零星星的几尾散落在幽深的河床表面。

鮈亚目成员众多，河流湖泊皆有分布，属于我国野外中小型淡水鱼的最重要组成部分，也是淡水水域生态系统中的基础物种。数目众多的类别中既有对水环境要求苛刻的种类，也有抗压能力较强的类别。它们的种群情况直接反映着水域的健康状况，希望它们都能够一直存在这片养育它们的水域中。

墨鳍痕线

黑鳍鳈 *Sarcocheilichthys nigripinnis*

　　长江自夷陵之后，跨过了她旅途中的最后一道屏障，其后面对着的是几乎一马平川的坦途。汹涌的江水自此平缓，曾经局促的挟制变得无拘无束，漫长岁月中平静地流淌伴随着偶尔的任性，在她旅途中留下了大大小小的痕迹。而当汉水相约着溠水、举水、浠水、巴水在不大的距离范围内依次汇入长江主流时，长江在此处不大不小地扭了下腰，在身后留下了一大片星罗棋布的斑痕，由此武汉周边成为长江流域湖泊密度最大的区域，而这些湖泊也曾经与长江相连，与长江保持着相同的律动，维系着长江的健康。在这里，数百种淡水鱼类生活繁衍其间，其中有种不太起眼的小鱼，引起了我极

大的兴趣。它的个头不大，身形看上去也很普通，生性
羞涩，隐藏在长满水草的湖水中下层，绝少出现于浅水
区域。隐秘的习性和较小的身形让它难得进入我们的视
野，在武汉周边的野外，从来没有采集到过它。一次，
在宜昌市区一长江支流的入江口不远处，一尾被电鱼人
遗漏，正巧被我们碰到，这使得我有了第一次近距离观
察了解它的机会。这种小鱼有一个很漂亮的名字——黑

黑鳍鳈

鳍鳈。因其电伤在前，恐长途难支，只好留宜昌好友，让他精心伺候，以观其性。其后，又有朋友在梁子湖渔夫处讨来了几尾，知我对其之好，挑了两尾相赠。渔夫撒网捕鱼，小鱼难免受伤。这两尾黑鳍鳈在我的鱼缸养了半年有余后不治而终。黑鳍鳈在长江中下游各湖泊皆有分布，喜清澈且水草丰茂水域，前后两次获取它的地方，都是达到一定深度的水质良好、水草茂盛的湖泊或

河流。根据观察，黑鳍鳈喜贴着水底游弋于水草等遮蔽
物之间，寻觅各种可入口的食物。它生性谨慎，避害意
识很强，一有警示就快速移动至水深草密之处。武汉市
区内，水质良好水域宽阔并能与长江联通的湖泊几乎已
经绝迹，也就难怪在我们身边难以见到它们了。梁子湖
远离市区，湖面宽阔，湖区内尚能保存一定量的自然水
中绿洲，即使未能与长江互通，黑鳍鳈依旧能繁衍生息
于其中。数年前的一次大面积降雨，周边工业、生活区
的污物大量侵入，使得梁子湖的水质降低了几个档次。
在梁子湖的这次水质变化事件前第一次前往时，水质清
澈，顺着深入湖面的人工栈道，可清晰地看到从水底向
水面生长的水草森林以及穿梭其间的各种小鱼。那次大
雨过后，第二次前往同一地点，湖水浑浊，水草也枯死
不少，只能看到水面少见的几朵水花。黑鳍鳈之所以如
此称呼，确实与黑有缘。它的身体上以侧线为基线，从
鳃部至尾柄分布着不规则的深黑色斑块，在背鳍的位

置，深冷色斑块从侧身中间向上延伸，越过背脊不均匀
的涂抹在了背鳍上，使得背鳍呈现出不完全的黑色状
态，而又靠着身体前端高高竖起得如此醒目，而且身体
上的其他鱼鳍皆是如此，不得不让人对取名者的直观感
到赞叹。除了身体上的黑斑外，黑鳍鳈自然显现的光泽
也极有意思，特别是进入繁殖期的雄鱼，眼睛外围上半
圈一圈橘红色，体侧黑斑底下铺上了一层自然变化的黄
色，一直延伸到了头部，而在鳃部后方胸鳍的上方映衬
着一小块宝石蓝，显得异常的醒目。而一些状态极佳的
雄鱼下颌还会抹上一缕浅浅的沁红，这些色彩与身上以
及鱼鳍上的黑斑相辉映，组成了一幅难以名状的移动抽
象美图。雌鱼除了黑斑外，色彩就黯淡了许多，只是在
臀鳍前端多出了一条不太明显的产卵器。

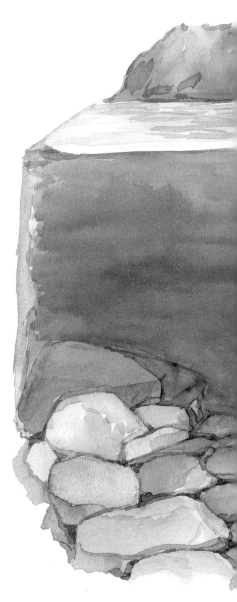

第三节
水中的隐者
——白缘鮟

    水下是一个不同于我们的异世界，各类生物施展着各自的技能与天赋繁衍生息，在它们当中就有一些选择了一种隐者的生活方式，"避世"而居，即使是不小心暴露了身形，也会用最迅速的方式重新隐藏起来。白缘鮟就是这样一位水中"隐者"，运气好时在野外偶尔能发现它们的只鳞片爪，而能找到它们，只能算是个意外了。白缘鮟体形很小，生活于溪流卵石块之中，每次都

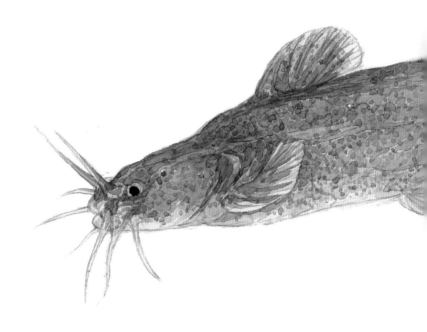

是连着大大小小的卵石稀里糊涂地被带出水
面。它头扁嘴阔须长，粗短身形，尾鳍圆，
其他鳍弱化，游动时犹如蛇形，眼极小几乎
退化。曾从野外带回一尾观察，因鱼缸内
铺满卵石，以至于个把月都未见其身影。一
次夜间投喂鱼食，才见其从卵石丛中快速游
出，摆动着头颅，贴着水底，用触须感知寻
找着可吞噬之物，快速吞咽，瞬息间再次隐
遁于卵石石缝之间。

白缘鉠

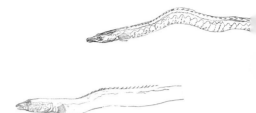

第四节
盘旋水中的小蛟龙

合鳃鱼目 Synbranchiformes

刺鳅 *Mastacembelus armatus*

午后的阳光透过水面照射在水中，水草的绿色在阳光的映衬下格外的漂亮。簇拥在一起的水草结团成林，一道长长的黑影盘旋在草丛之间，慢慢向前移动，移动中前半部分探出草丛，悬停在水中，前端尖尖的脑袋上一对眼睛警惕着搜索着四周，如果不是那对眼睛后面由于嘴巴的一张一合微弱扇动的鳃盖，你很难辨认出这是一条鱼。当它的整个身躯露出来后，面条状的身体后端明显的尾鳍暴露了它的身份，这是一种喜欢藏匿生活于水草以及充满遮蔽物水域的常见淡水鱼——刺鳅。虽然名称中带个鳅字，但它与我们所熟知的鳅类完全没有关系，倒是与黄鳝亲缘关系很近，它们同在合鳃鱼目，只不过一个属于合鳃鱼科黄鳝属，一个属于刺鳅科刺鳅属。体形倒还有些相似，不过刺鳅生长得更为侧扁和细

刺鳅

小。刺鳅能如此称呼，与它狭长背部分布的棘刺有一定的关系：常见的背鳍不见了，从鳃部后方不远处开始一直到尾部的尾鳍，背部短而尖的棘刺顺序排列，棘刺与棘刺之间有残存的薄膜相连，看起来如同锯齿，难怪有些地方称呼它们为刀鳅。刺鳅的一对胸鳍短小极不明显，只是在鱼身活动时起到一个平衡的作用，腹鳍臀鳍退化不见，而尾鳍则在尾柄上下两端扩展，几乎包裹着整个尾柄，最后在尾柄末端相合，看上去像是一柄古代的宽刃长矛。在水草中刺鳅可以通过身躯的扭动提供动力，悄悄接近猎物，而紧急逃窜时，尾柄摆动，尾鳍提供的动力与身躯的原有的扭动合力，使得刺鳅能迅速逃离。刺鳅的捕食习性与它的形态相得益彰，尖尖的脑袋，尖而阔的嘴巴，上颌稍长而下弯，形成一个微弯的钩状，再加上一对大眼睛，缠绕滑行于水草遮蔽物之间，悄悄靠近猎物，在嘴巴几乎要凑到猎物时，猛地张口一吸，小猎物被快速吸进肚中，然后又不慌不忙移到他处。

第五节
淡水中的"小猛兽"

在广阔的淡水水域中生活着无以计数的鱼类，有温和的素食主义者，有不挑食适应能力强的杂食性鱼类，同时也生活着一批凶猛的肉食性鱼类。它们有的如同狼群一般追赶猎杀水中的弱者，有的则隐秘身形迅猛伏击它们的猎物。在我国淡水水域就生活着这样一类中小型伏击猎手，它们几乎都属于鲈形目，我国鲈形目淡水鱼中最常见的就是鳜鱼了。它一看就是武装到了牙齿，凶

猛异常的伏击猎手，除了它之外还有着一些不为人知却生活在我们身边的鲈形目小型猎手，让我们选取几种最常见的种类一起来认识一下吧。

虾虎鱼科 Gobiidae

一片清澈的水域，水面上鱼群在游弋，寻觅着可能的食物，而水底的卵石间几个匍匐着的小身影却在互相吵闹，时不时还会相互威胁打斗一番。它们互不相让，鼓起腮帮张开大嘴撑起背部的帆鳍，猛烈时还会直接冲上去，直到认输的一方逃离。这是一群很有趣的小鱼，个头虽小，却天生一副凶巴巴的样子。事实上它们确实是"称霸一方"的捕食者，不小心闯进它们势力范围的小鱼小虾都会被它们一口吞下，因此它们有了一个很响亮的名称：虾虎鱼——专门吃虾的"老虎"。在我国，淡水虾虎鱼除少部分高原地带外，几乎各个水域都有分布，而且种类繁多。虾虎鱼属于鲈形目虾虎鱼科，它们有着共同的祖先，由生活在海水中的虾虎鱼演变而来。地球历史中有着多次的海进海退事件。海退时，一部分海鱼会被遗留在陆地水域中。被阻隔在陆地上的海水慢慢变淡，其中的一些鱼慢慢适应了淡水环境，最后彻底地成为了淡水生物。一部分虾虎鱼就这样告别了曾经的海洋生活，生活在了淡水中。虾虎鱼在外形上有着一些共同的特征，圆滚滚的身形，一双眼睛位于头顶上方，眼大口阔，圆形尾鳍，背鳍分化成前后两片。最奇特的是它们的腹鳍，一对腹鳍在胸鳍下方复合成一体，成为一个具有强大吸力的吸盘，这使得虾虎鱼可以如同蜘蛛侠般吸附在水中的物体之上。虾虎鱼有着极强的领地意识，在野外的水域，都有着各自的势力范围。在群居生活中，各自的领地难免交叉重合，因此争斗就不可避免地成为了虾虎鱼的一种日常行为。我国淡水虾虎鱼分布极广，不同种类之间的差异也极其明显，从身边最常见的几种中，我们就可以看出它们之间的分化。

1　黏皮虾虎鱼 *Mugilogobius myxodermus*

　　武汉是飘荡在湖泊中的城市，在城市中大大小小的

神农嗡的虾虎鱼13晚

神农吻虾虎

湖泊池塘中就生活着几种迥异的淡水虾虎鱼。黏皮虾虎是其中最温顺的一种，个头也是最小的，最大不过四厘米左右，在湖泊池塘水草丰茂的浅滩处最容易碰到。黏皮虾虎圆圆的脑袋，深绿色的身体上布满相互连贯的暗色斑纹，圆滚滚的身形胖嘟嘟的，可以想象其穿梭于水草中捕食的情形。水中活动的各种水生小虫是它们最喜爱的食物。在形态上，雌鱼会显得更短胖些，而雄鱼成年后第一背鳍的前面四根鳍条会向外拉长，第二根鳍条远远伸出整体结构之外，看上去特别的精神。

雄性泰山皮虾虎

黏皮虾虎，身边最常见的虾虎。
看上去毫不起眼，却在低调
中暗藏着它的内涵。

左往往里要大
些，此作母，
体型要小些

此往泰黏皮虾虎

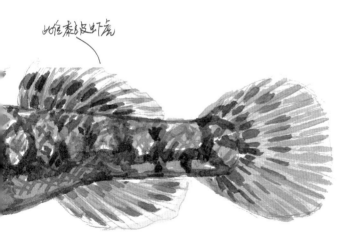

雄

波氏吻虾虎
正面图

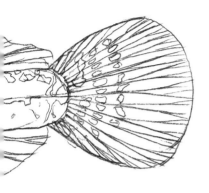

2 波氏吻虾虎鱼 *Rhinogobius cliffordpopei*

另一种城市湖泊里常见的虾虎鱼可比黏皮虾虎凶猛多了。它们多活动于硬质基底的湖泊浅滩处，天气晴好时，湖边浅水处的石块上经常会看到几只，这就是波氏吻虾虎，吻虾虎的一种。波氏吻虾虎最喜捕食石缝间的小虾米，它的个头比黏皮虾虎大了不少，成年个体一般可到七厘米左右。粗壮有力的身体、浑圆肥硕的脑袋、宽厚的嘴巴再加上头顶一双锃亮的眼睛，一副谁都不要惹我的样子。相比黏皮虾虎，它的两片背鳍就显得比较低调了，但在色泽上也有着吻虾虎共有的特征——亮丽。第一背鳍前部有着金属蓝色的小斑块，身体呈现出亮黄色与冷暗色相间的横条纹，若隐若现，一直延伸到尾鳍。与其他虾虎混养喂食时，波氏吻虾虎常

波氏吻虾虎亚成体

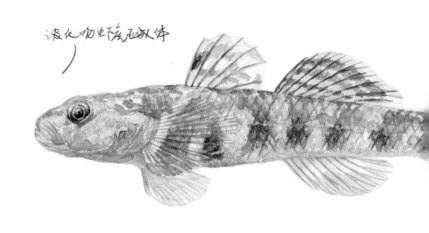

波氏吻虾虎成年体

毫不客气地第一个冲出来，可以想象它在野外捕食小虾时的敏捷。

　　静水中生活的虾虎鱼其实并不多，它们更喜欢生活在密布卵石的溪流中。一次跨越江西浙江两省的野外采集中，我发现了三种不同的虾虎鱼，有趣的是，它们的身体特征表现出对各自生存环境的精准适应。在江西上

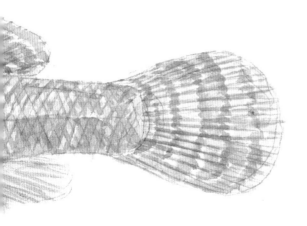

饶武夷山区的一溪流中，河底的卵石由于山体石质的缘
故大多呈暗红色，河水清澈水量充沛。此处发现的虾虎
鱼整个身体色泽就倾向于暗红色且对比强烈，而且个头
不小，有一种霸道的美，鉴定得知，名为武义吻虾虎。
而在浙江建德的一条小河中，卵石呈灰色，采集到的两
种虾虎鱼体形相对偏小，身体色泽虽也是以红色暖色为
基调，但对比就弱得多了。其中一种就是神农吻虾虎，
布满全身的浅红色小斑点是其重要特征。最小体形的

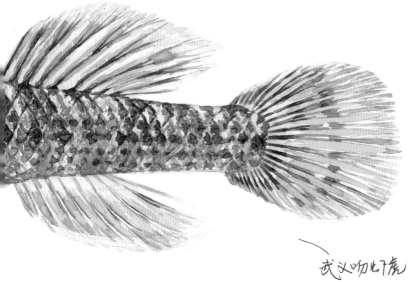

武义吻虎

武义吻虾虎鱼雌性标

黄唇吻虾虎

黄唇吻虾虎

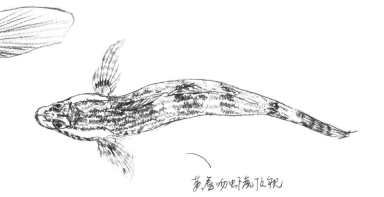

黄唇吻虾虎幼鱼

一种最漂亮，身形修长小巧，以浅橘色黄色
为基调，在少许浅蓝色的映衬下显得十分高
贵。通过这三种虾虎鱼，我们可以看出生命
的无限可能与魅力。溪流中的虾虎鱼还有个
有趣的共同习性，每一尾鱼在水底的卵石块
下都会营造一个自己的家，通过一番争斗获
得的栖身之所一般都不会轻易相让，而且还
会定期清理，让自己享受更舒适的"鱼生"。
因此当你下水观察时，一开始你是看不到一
尾虾虎鱼的，因为它们全部被你吓得躲进自
己的家里了。

叉尾斗鱼

斗鱼，脾气傲娇极具魅力的小型淡水鱼，国内常见有两类别，叉尾斗鱼和圆尾斗鱼。叉尾斗鱼主要分布于气候温暖的南方，圆尾斗鱼则耐寒好了，黄河流域都有其分布。武汉多见圆尾斗鱼，叉尾斗鱼则只有零星的发现。

叉尾斗鱼

3 斗鱼属 *Macropodus*

任何一个物种都会寻求自身的生存空间。在淡水中，即使是群居温和的植食性鱼类，野生环境下也会与同伴保持一定的距离。而食肉性的鱼类对生存空间的要求则更高，为了获取更大的地盘和更多的资源，同类间的争斗有的还能"见好就收"，有的则不争个你死我活不罢休。在我们身边许多看似普通的水域中，就生活着这样一些不为人注意的小型淡水鱼类——斗鱼。"斗鱼"的名字应该不少人都听说过，斗鱼养殖在泰国已成为一种产业，培育出了不少用于观赏和争斗的品种，在我们各地的宠物市场里基本上都能碰到它们。与泰国斗鱼相比，我们本国产的斗鱼却鲜为人知。在我们生活的这个城市的水域里就生活着两种斗鱼：圆尾斗鱼和叉尾斗鱼。这也是仅分布于我国的两种斗鱼。圆尾斗鱼在武汉分布很广，市区及附近未被破坏的水域中都有它们的身影。相比圆尾斗鱼，叉尾斗鱼则很少见。水草丰茂、水底密布遮挡物的水域是斗鱼理想的栖息地。无论是圆尾斗鱼还是叉尾斗鱼都难以忍受视线范围内有同类身影，甚至附近游动的其他活物都会成为其驱逐的对象。斗鱼"性格"孤僻，即使繁殖季节，雌雄斗鱼也只会短暂相聚。而一旦确定了自己的生活区域，那里基本上就成了它们终生的居所。斗鱼并不属于善于游弋迁徙的鱼类，除了巡视领地与觅食外，更多是躲在水中合适的遮蔽物下，划动着鱼鳍悬停着，透过水草的缝隙观察水面与水中的动静，提防着潜在的敌人，等待着可能的猎物。饲养斗鱼时要尽量避免把两尾斗鱼养在同一个鱼缸

雄鱼

此雌鱼

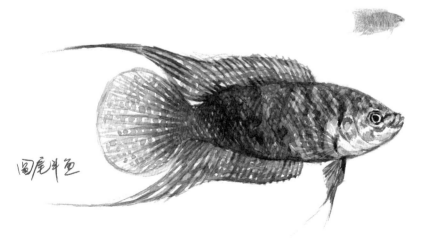

圆尾斗鱼

叉尾斗鱼

中。与其习性相适应，斗鱼的外形也颇具特色。它们身体侧扁，从头部最宽处开始至尾部，身体的高度几乎一致，只是到了尾柄的位置稍微收窄，后方又接上了宽阔的尾鳍，整个身体就像一个紧凑有力的长方形。因此，在水中斗鱼可以划动胸鳍、扭动头部与身躯，灵活地在水草间转换身体方向。与此对应，它的胸鳍在鳃部下方斜贴着身体，形状不大，但鳍条特别灵活，如同古代战舰的船桨一般，互相配合，给予身体平衡与灵活移动的动力。胸鳍下方的一对腹鳍中，第二鳍条被远远拉伸出来，如同两根小别针。背鳍与臀鳍相对应，包裹住了身体的大半部分，背鳍和臀鳍的边缘也随身体的流线型而变化，末端的最后几根鳍条会慢慢变长，形成一个宽阔些的鱼鳍。成年之后，背鳍和臀鳍的倒数第三、四、五鳍条还会向后延伸，形成漂亮的"丝带"，被称之为"拉丝"，不同的个体"拉丝"的长度不一。圆尾斗鱼与叉尾斗鱼最明显的区别在于尾鳍。尾鳍末端呈圆弧形的为圆尾斗鱼，而叉尾斗鱼的尾鳍则呈燕尾状。而叉尾斗鱼成年后，尾鳍的上下也会出现鳍条"拉丝"的情况。我国的斗鱼体色很美，身体都呈现条纹状的虎斑。圆尾斗鱼色泽低调些，深冷色中调配以红色、橙色和绿色，而叉尾斗鱼就艳丽多了，斑纹为深蓝绿与橙色，背鳍和臀鳍施以同样明显的色泽与斑纹，腹鳍的拉丝则换成了红橙色。整个身体色彩越往后端越红，到了尾鳍，整个都被红色所覆盖。我国原生的斗鱼习性有趣、形体优美。虽不为一般人所熟知，却是爱鱼人中推崇的明星。一些经人工驯养的中国斗鱼进入欧美宠物鱼市场后，还有了个动听的名字："天堂鸟"。

第六节
奇特的间下鱵

颌针鱼目 Beloniformes

间下鱵 *Hyporhamphus intermedius*

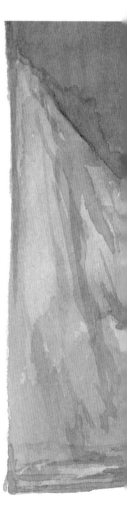

因爱鱼养鱼画鱼，也就经常有些朋友发图询问碰到的不认识的鱼。其中有种鱼出现的频率比较高，这就是长相奇特的间下鱵。间下鱵体形细长、侧扁，就像一根从中间劈开然后削扁了的筷子，而差不多普通筷子三分之二的长度中还包括了它那不同寻常尖尖的长嘴巴，接近身体四分之一的长度，如同针般的从吻部延伸出去。间下鱵喜欢生活于水域宽阔的水体，湖泊水库以及长江是其理想的居所，它们成群的巡游于水体的上层，追逐取食水面上的物体，各种小鱼小虾小虫都是它们菜单上的美食，而其透明的背部银白的腹部，使它能很好地迷惑来自水域上方以及水域下层的威胁。多年的观察发现，夜间间下鱵出现的频率更高，有时还会成群出现在浅水区域，驱赶着这里的小鱼小虾。在灯光划过水面时，能够看到它们快速移动的身影，想来它那长长的吻部是绝好的探寻武器。仔细观察你会发现，它那如同

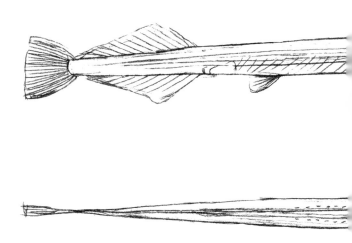

针般的吻部其实是延伸出去的下颌。从它上下颌的这种结构，我们可以想象出它在水中前进时觅食的情形，一柄长剑在前方探路，然后快速移动，通过上颌吞咽下惊慌失措的小猎物。身体构造上，从嘴到尾柄近乎水平的直，非常适合贴着水面快速前行，而为了保证推进的速度，整个身体如同一柄飞行中的箭，背鳍腹鳍则如尾羽位于箭末梢的上下两端，保证着箭身平稳的同时，与尾柄后端的尾鳍一起，在身体的摆动下，提供着前进的动力。作为调整方向的胸鳍则在头部后方如同一对上翘的

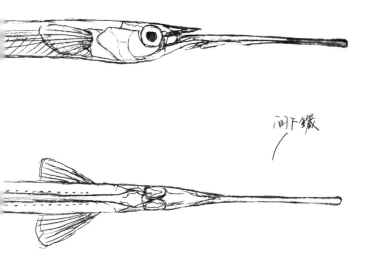

间下鱵

小翅膀，与狭长的头部一起把握着前进的方向。相较而言一对臀鳍就显得退化不少，靠近身体后方的腹鳍，为身体的平衡提供辅助作用。武汉周边湖泊众多，尤其是一些水质良好水面宽阔的水库，间下鱵的产量不在少数，只是其形态与习性的缘故，而为众人所忽视，近些年市区内的水域，水质较以往要好上一些，一些湖泊也恢复了与长江的联通，间下鱵因而也渐渐出现在我们的视野中，在水质欠佳的沙湖都曾发现它们的踪迹。

淡水鱼作为地道的"江湖儿女",亿万年来,在流水的"塑造"下演化出数以千万计的不同类别……

第三章

鱼的外形

第一节
综述

　　江河奔流向海，塑造着沿途的地形，也塑造着生活在它身躯里所有的生命。淡水鱼作为地道的"江湖儿女"，亿万年来，在流水的"塑造"下演化出数以千万计的不同类别。

　　江河奔流的动能来自于河道的海拔落差。当淡水在高山汇集成流之初，落差最大，水的动能最大。它们迅速地冲刷着沿途的一切，巨大的山石在水流作用下变得圆润光滑。迅猛的河水把能冲刷掉的所有一切带向下一段旅程。在这一河段，除洪水期外，水质清澈、水流湍急而营养匮乏，其常驻生物大多营底栖生活，匍匐于河水之底、躲藏于卵石之中，对抗着湍急水流同时在食物匮乏的环境中觅食。它们多演化出扁平的身躯，以免被激流冲走。在如此极端的水下环境中，动物的体形倾向小型化，物种相对较少，其中的淡水鱼也呈现出有异于我们寻常所认为的形态。随着河流的行进，河道逐渐平缓，沿途支流汇入，水量增大，河面不再局促，河底的大石已经被卵石所替代。顺流而下，卵石越来越小，开始出现砂质河床。水流不再汹涌，流水携带的营养物质得以沉积，河床上出现水草。水体中的生境开始多样化，出现了激流区、缓流区、浅滩区、水草丰茂区，生物的种类也开始丰富起来。水的表层、中层以及底层都出现了活动的身影，各类淡水鱼生活繁衍其中。丰富的营养和一定的水深使得中等体形的淡水鱼出现，鱼的习性形态真正的开始多样化起来。随着河流离开山脉，地势开始平缓起来，河面更为宽阔，一些大型河流的水深可达几米甚至几十米。河床覆盖泥沙，河水缓缓流动，水中能见度降低，沿途与河流相通的湖泊湿地越来越多，中大型鱼类成为主要类别，在河流的上游、中游和下游，不同的生境特征孕育了鱼类分布的不同模式，但

这些模式并没有被完全分隔，一些鱼类分布较广，如我
们熟知的鲫鱼、泥鳅等常见鱼种从中游一直到下游都会
有分布；而一些典型性的鱼种则只生活于固定的区域，
如吸鳅就只在河流上游才会出现，副鳅类则多半生活在
大大小小的卵石河床之中。

除江河溪流之外，淡水水体还常见湖泊、池塘等静
水水域。这些静水水域有的与江河相通，有的则完全孤
立封闭。静水中的鱼类通常与江河中鱼类的种类组成、

身体形态有所不同。例如，黏皮虾虎就只会生活在湖泊中，同样，在池塘里你是绝对不会发现生活在溪流中的小鲹。流水中鱼儿们需要对抗水流产生的阻力，而静水中鱼儿们则是只需要克服水自身的阻力，灵活转向，以便在水体中穿梭移动，躲藏和觅食。

淡水水体极少出现水深达百米的水域，一般多为几米至十几米，阳光基本可以直达水底。因此对于淡水水体，无论深浅，又可以划分为水体上层、水体中层、

水体底层三个层位。不同的层位，生活其中的鱼的体态也各自不同。水体上层的鱼，形态更适合在水中快速移动。水体中层的鱼，身体形态则更利于在水中盘旋、灵活转向。而栖息于水底层的鱼，体形特征更适于它们在水底"行走"或"爬行"。

第二节
体形差异

脊椎动物的身体一般均以脊椎为对称轴左右对称。而生活在水中的脊椎动物——鱼类，为应对水体的阻力，身体又多为流线型。所以，在观察、认识鱼类时，我们可以借助三条假想的体轴，来寻找鱼类身体形态千变万化的规律。这三条轴是：从身体中央贯穿头尾的头尾轴；从身体最高处通过头尾轴，贯穿背腹的背腹轴；从背腹轴与头尾轴相交点贯穿身体左右的左右轴。

鱼类基本的体形变化，可以通过这三条轴的比例关系直观理解。如基本的头尾轴、背腹轴、左右轴依次减小的梭状体形，背腹轴最短的平扁体形，左右轴最短的侧扁体形，背腹轴与左右轴相近的圆筒状体形等。

在水面上层快速游弋的鱼儿们都会尽量把身体拉长，并在垂直方向扁平化，形成一个长条状，尽可能地减小液态水带来的阻力。而侧扁的身体，则适合在水中分开水流，用最小的力量达到速度的最高值，速度越快的鱼身体会越侧扁。在淡水鱼的世界中，纺锤状的身形最为常见，大量生活于水体中下层既需要速度又要讲究灵活性的鱼儿身体多呈这种形态，既可以在水中灵活的转向，又能在短时间内快速移动。标准的纺锤形的身体不仅在水中更省力，而且其粗壮的肌肉结构又能提供强劲的爆发力，也适合在复杂的水底世界任意穿梭，属于水中生活各方面皆可兼顾的体形。

当鱼儿们放弃游弋匍匐于水底时，身体就会发生某些变化。为了使身体尽量的贴近水底，身躯开始变得圆滚起来，前端趋向扁平，尾部作为前进最主要的动力器官还是维持侧扁的状态。棍棒状的体形是营底栖鱼儿的常见形态。

越是依赖水底生活的鱼，身体前端与水底成水平的扁平程度就会更高，当这种情形达到一种极致时，一些

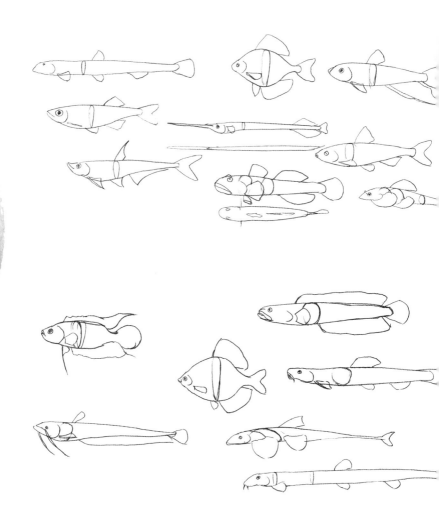

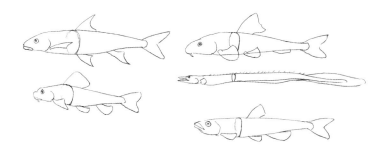

鱼类的整个身躯前端就会完全平贴于水底，真正地把自
己的身体压成了扁平状，这样的体形也使其最大限度地
减小了来自前上方水的阻力。

　　还有一些鱼类为了更大限度地增加身体的灵活性，
会从前后方向拉长自己的脊椎，身体的移动与转向更多
地通过身躯的扭动来完成，它们在水中游动起来更像是
蛇行。由于程度不一，形成的体态差异也不一样，刺鳅
是延伸了躯干部分，形成了类似蛇形的身体，斗鱼则是
选择了尾柄的增长，从而提高身体在静水中的灵活度。

　　淡水中的鱼儿们在运用体形艺术时，并不会教条地
采取某一固定方式，它们会根据自身所需，依据自然之
力灵活调配组合，使得它们的体形都达到了某种程度的
完美，成为了大自然独一无二的艺术品。

顶视

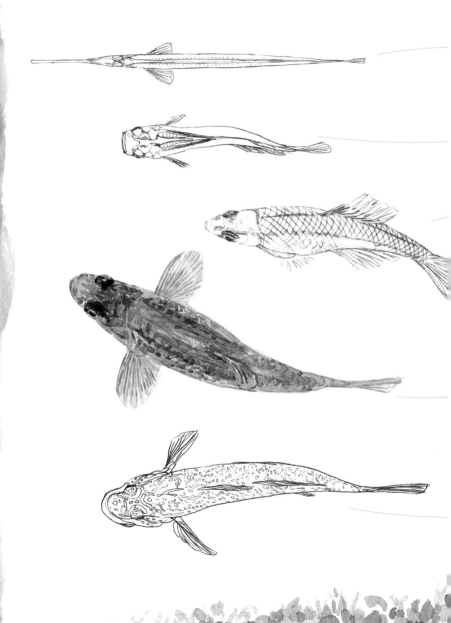

顶视

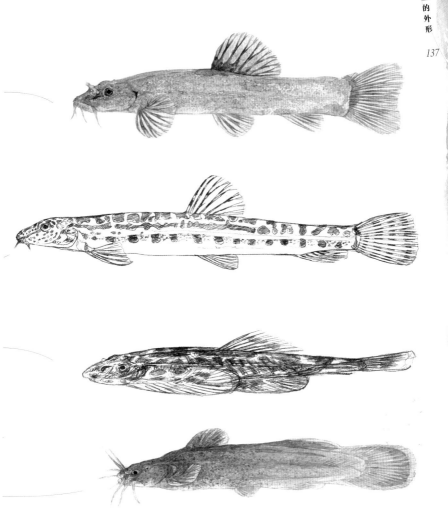

第三节
嘴型差异

　　嘴巴是鱼类觅食的器官，由于每种鱼的生活习性不同，嘴型也差异很大。嘴的大小与所摄取的食物有关，简单来讲，能吃到的食物越大嘴巴就越大。以有机碎屑以及各种藻类为食的鱼，它们的嘴巴一般很小，如温和的鲴，鳅以及吸鳅类；以猎取其他生物为食的鱼类，它们的嘴巴就会很大。如沙塘鳢本身个头不大，但却可以捕食达自身体长三分之二的其他鱼类，因此我们可以看到沙塘鳢的口裂很深，张开后足以吞下相当体积的猎物。而一些杂食性的投机分子，它们的嘴巴大小就介于两者之间，不大不小，既可捕食些小型水生生物又可抢些残羹剩饭，实在不济时也可以吃吃草。所以从鱼嘴巴的大小可以粗略地判断出它的食性，嘴巴越大的鱼越凶残，性情越温和的鱼嘴巴就越小。另外，嘴巴包括吻部

上口位

端口位

在鱼头部的位置则是由鱼的生态位决定的，我们称之为
鱼的口位分布。游弋于水体表层的鱼类，嘴巴大多就处
于上口位，看上去就像是地包天，这样更便于在水面取
食。而生活在水体的中层和中下层的鱼类，它们的嘴巴
大多属于端口位，处在头部的中线附近。还有最后一种
生活于水体底层的鱼类，它们的嘴巴就在身体的下方，
称为下口位，如小鳔，花鳅。还有一些特化的类别，整
个嘴巴移到身体的底部，高山激流中多此类，如吸鳅就
是这样。因此从鱼的口位分布可以看出它们在水体中的
活动区域。如果把这两类综合起来分析，就可以大概地
判断出一条鱼在水下的某些习性。如黄黝，嘴巴为端口
位，口裂较大，呈现一定的地包天模式，可判断出，它
生活于水的中层，以捕食自身上方的猎物为生，由此也
可以分析出它伏击型的生存策略。除了嘴型大小和口位
外，一些鱼的嘴巴还有附属的生物结构，如成对出现的
触须，为鱼提供额外的感知能力，如鲤鱼嘴巴上的那两

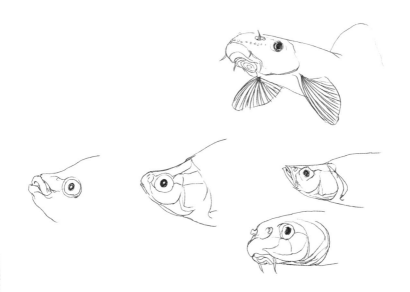

对漂亮的触须。一般从中层鱼开始到水底层鱼
类，出现触须的鱼种概率逐渐增加，触须的数
目也逐渐增多。一些生活在底层夜间觅食的鱼
类，宽阔的嘴巴上会生出多对发达的长须，通
过触须感知捕获猎物，鲶形目多为此类。而一
些温和的底栖鱼类多配置数对短须以增加嘴巴
的感知能力，如鳅类的小鱼，小嘴巴上长满小
短须，有五对之多。游弋于上层，通过视力观
测，以速度取胜的鱼类，嘴巴上大多不会配置
触须这套身体构造。另外，在水底层生活的虾
虎类，由于视力发达，同样嘴巴上也没有长出
触须来。

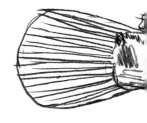

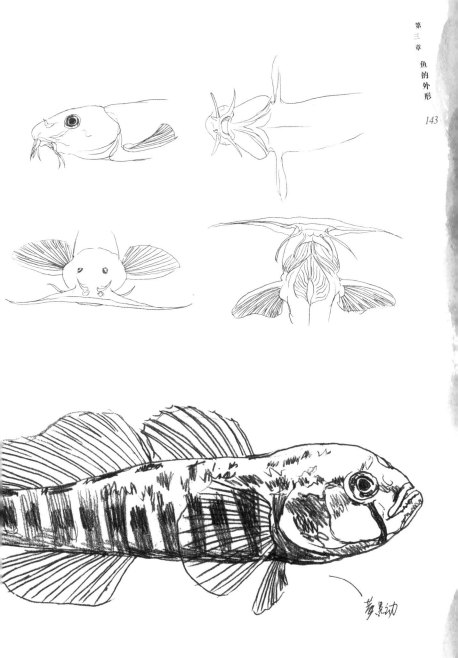

第四节
鱼鳍差异

鱼鳍

在鱼的身体上还有着一套至关重要的组织，有了它们，鱼才能控制自己的身躯，自由地移动，有了它们，鱼才能称其为鱼。这组完美的身体装置，我们称它为鱼鳍，是在被水包裹的生活中不可或缺的身体结构。它们有着非常神奇的构造，我们现在所熟知的淡水鱼的鱼鳍基本构造方式相同，但却变化出多种样式出来，它们都是由从身体中延伸出的类似骨骼的构造与类似皮肤般的薄膜相互结合而成，这些暴露于身体之外的类似骨骼的构造我们称之为鳍条。这些鳍条依据身体的方位，以平面的方式在一定间隔中按顺序排列，一层隔膜从前至后连接着鳍条以及鳍条之间的间隔，形成一个完整的鱼鳍。当鱼鳍整个展开时就如同一把展开的折扇，鳍条就

像是折扇的扇骨，从身体一端辐射生长出去，鳍条的运
动能在一定范围内带动着整组构造撑起、收下、摆动。
为了达到最好的效果，一般来讲，除了起始两端的鳍条
外，中间部位的鳍条在末端都会有如同植物枝丫般的
分叉构造，如此能更稳定的连接薄膜，最大限度的利用
鳍条的力量。鱼鳍从视觉上看还有个有趣的现象，就是
鱼身体上的斑纹形式会按照鱼鳍自设的规律延伸到鱼鳍

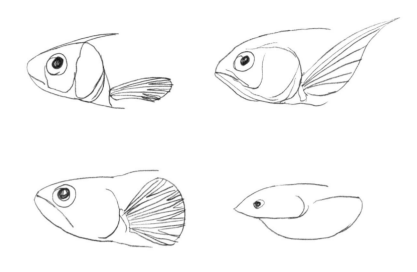

之上。色素依据排列顺序以及覆盖范围呈现在每根鳍条上，一个鱼鳍上的同组鳍条色素斑块又在视觉上形成一个有规律的斑纹构造，与身体的色泽与纹样形成呼应关系。有些鱼种的色素会蔓延至鳍条间的隔膜中，这样的变化在鱼种间并没有太多的规律可言，在斑纹与色泽方面每个鱼种都有着各自的协调方式，使得自己的鱼鳍和身体完美地结合在了一起。普通的淡水鱼，它们身上的那组鱼鳍是有固定组成模式的，在身体左右成对出现的一对胸鳍与一对腹鳍，尾部的一个尾鳍，身体下端的一个臀鳍，然后就是背部上方的一个背鳍，有些鱼的背鳍与臀鳍在身体上下形成一个呼应关系。

胸鳍

以鱼身体前后关系来讲，我们最先看到的是分别置于身体左右两侧的那对胸鳍，从侧身观察我们只能看到它其中一侧的胸鳍，每扇胸鳍的起始位置都在头部鳃盖之后，它是成组鱼鳍中最灵活的一种，对于鱼在水中的平衡与方向起着至关重要的作用。由于鱼习性的不同，身体构造就会相应的有差异，在鱼胸鳍的外形上同样也体现了出来。以快速游弋作为运动方式的鱼儿，它们的胸鳍多半呈上宽下窄的形态，而游速缓慢，需要高度协调身体姿态的鱼儿，胸鳍则呈现出扇状

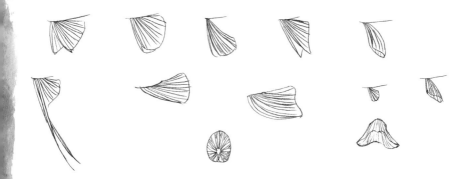

构造，上下端平而中间突出。还有一些胸鳍特化的鱼儿，如吸鳅类，胸鳍会根据身体构造进行一定延展，最后形成特殊的裙边形态。

腹鳍

紧跟胸鳍之后的是一对腹鳍，它们在身体下方以贴近的方式成对出现，前端紧挨然后向左右两侧展开，侧身观察时可以清晰观察到成对的腹鳍，一般情况下腹鳍是起到配合胸鳍协调身体平衡的机能。有趣的是不同的鱼类，腹鳍与胸鳍的距离有所不同，有些鱼的腹鳍紧挨着胸鳍，有些则远离。同样的，腹鳍也形状各异，常见的犹如半开的折扇；还有一类带装饰的，如斗鱼腹鳍的第一根鳍条会向外延伸形成拉丝；还有一类腹鳍特化的，一对腹鳍相互结合形成一个如同吸盘的装置，这是虾虎类特有的腹鳍构成方式。吸鳅中有特化吸盘构造的鳅类，它们的腹鳍会与胸鳍相配合，沿着身体边缘延展

宽鳍鱲的臀鳍

组合成一个连贯的裙边结构。

臀鳍

腹鳍之后的臀鳍，位于鱼体下方泄殖孔之后，以单数方式出现，为鱼身体后端的平衡提供可能。一般营底栖生活不太活动的鱼儿，除了虾虎类之外，臀鳍一般都比较小，鳅类鮈类都是如此，显得毫不起眼，而在水中游弋的鱼种，臀鳍相对来讲就大了不少。而且臀鳍的形态会与背鳍相呼应，形成鱼身体一上一下的相当结构，

如斗鱼的臀鳍宽阔且延伸到了尾端，鳉鲅类的臀鳍此种关系也非常明显，有些鱼类的臀鳍还会与尾鳍相接。而虾虎类的小鱼，无论是底栖还是游弋生活的，臀鳍就像是背鳍后段的复制品，宽阔而美丽，因此我们在了解鱼儿的臀鳍时不得不依据特定鱼种进行分析与比较。在这里鳢类的臀鳍比较特别，尤其是雄鱼的臀鳍极为发达，成为鱼鳍中最为醒目的部分，后数几根鳍条向后延伸，有时几乎超出了尾鳍的位置，加上附着其上的色泽与斑纹，成为了我国淡水鱼中最美的臀鳍。

背鳍

背鳍是鱼鳍中最为引人注目的构造，它在鱼儿的背

部高高耸起，是我们最易观察到的结构。背鳍除了强大
的控制平衡的功能外还是重要的相互识别的指标之一，
因此背鳍在身体上就显得极为突出，而且变化多样。一
般来讲，我国绝大部分淡水鱼有一柄背鳍，除了少数几
种的背鳍位于身体后端外，大多数都是位于身体中段附
近，以一个扇形的状态出现，不同种类的扇柄长度不
一，外缘的弧度也有所变化，有的高耸陡峭，有的圆润
平滑，有的短小，有的宽阔。短小的就如同背部插了杆
三角旗，而宽阔的则从背鳍的起点一直延伸至尾部，如
同长长的帷幔般。当背鳍宽阔后，有些鱼种其臀鳍也会
做出相应的变化。鳑鲏类尤为明显，当它们的背鳍和臀

鳍展开时，鱼鳍的外缘似乎穿过了身体的尾柄相互连接在了一起，边缘看上去几乎接近一柄完整的折扇了。斗鱼的背鳍则覆盖了除了头部以外的整个背部，几乎与尾鳍相连，并与臀鳍遥相呼应。刺鳅的背鳍也比较特殊，鳍条退化成短短的棘刺从头部后方一直排列至尾鳍，如果不仔细观察，几乎看不出背鳍的存在，它更多的成为了刺鳅防卫的武器。在我国淡水鱼中，虾虎类的背鳍需要单独拿出来分析，因为所有虾虎鱼的背鳍都分化成了前后两个部分，前鳍短小而醒目，色泽艳丽，后鳍则宽阔延展至尾柄并与身体之下的臀鳍相互呼应，成为互相的翻版。前鳍的鳍条都是以单一不分叉的方式出现，而

且有些类别的虾虎，雄鱼前鳍的第二根鳍条会向上拉伸形成拉丝结构，并附着着艳丽的色斑，从背鳍的形态和颜色来看，虾虎鱼是最美丽的一种了。

尾鳍

鱼身体最后端的尾鳍是鱼儿移动的最主要的动力输出结构，因此运动习惯就直接体现在了尾鳍的形态上。最常见的是正叉尾结构，两端突出，然后依次向中间后退，如同剪刀一般。通过尾柄，整个身躯摆动的能量最大限度地通过正叉尾的尾鳍释放出来，在追求游速的淡水鱼中大部分都采取此种策略构造。尾鳍越大，叉尾的角度越深，提供的瞬间能量就会越大，从正叉尾的角

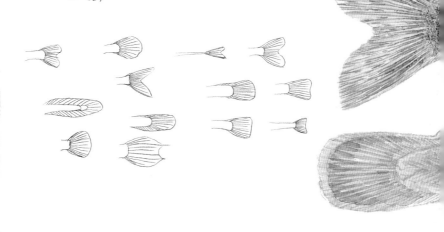

度也可以基本判断出相对应的速度比。在我国淡水鱼中圆形尾也较常见，尾鳍的边缘离中间较远，然后以圆弧状向上下两端收拢，以伏击为主的鲈形目的鱼大多是采取此类尾鳍。还有一类平形尾鳍，多数集中在鳅科中，我国鲇形目中也有一些种类采取此种尾鳍结构。刺鳅的尾鳍也比较特别，它整个包裹住了渐渐缩小的尾柄，以一种矛形的方式呈现出来。

　　鱼鳍是鱼儿至关重要的身体器官，不同的习性演化出不同的鱼鳍，它们在大自然的力量下展现着各自的精彩。

第五节
色彩斑纹差异

生活在我们这片土地上的淡水鱼，它们的色彩与斑纹有着其独具特色的魅力，如同这片土地上的其他事物一般，东方意味十足。它们身体上极少出现夸张、对比艳丽的色彩，大多数色泽内敛，却在相互协调和对比中把各种色彩都表现了出来。你在我国的淡水鱼身上是不会看到色彩单调的情况的，即使身体上出现了色彩纯度很高的区域，周围也会出现相互协调的色彩让它沉稳下来。它们从来不以绚丽夺目取悦他人，而是在低调与谦逊中呈现出它们的天成之美，只有深入相处与了解后，你才有可能体会到它们身上的东方之魅。

鱼类身上的色泽分布也有着其规律性的一面，大多数鱼类身体的背部区域色泽会更深些，而腹部区域多以浅色为主。以游弋为主的鱼类最为明显，一些鱼类的腹

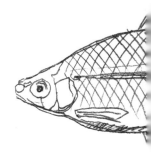

部接近银色，这样的身体色彩设计能更好地迷惑水中潜在的威胁，从水中往上观察，亮白的腹部能使游动的鱼儿隐身于白亮的阳光之中。而面对水面之上的捕食者，又能与幽暗水底环境融为一体的鱼儿则能更好地减少被捕猎的机率。所以我们可以看到水表层游弋的鱼儿们，它们背部的色泽更接近我们所观察到的水体的幽绿色。

上帝之手在点染着东方淡水鱼内敛的色泽时，也不断地变换着各种不同斑纹组合方式，既有鳞片根据身体形态而有规律排列的设计方式；也有完全随机，随意涂抹，就如同现代抽象艺术家般的行事风格，在不规则中体现出一种均衡的美。在具体斑纹构成上有几种最基础的形式，有些是大区域的块状斑纹以大小不一的点状方式，依据身体的构造，形成纵向大小不一的条纹，有的鱼会从头至尾如同斑马样的套满全身。还有些是根据身体前后次序贯穿头尾的横式条纹，大多以体侧中间部位为分界线，既有浓墨重彩的粗线条，也有小心勾画、慢

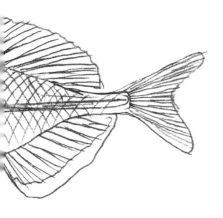

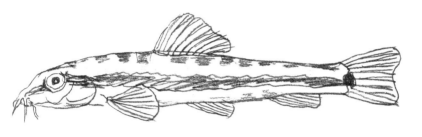

慢延伸的细长线，还有的，从头至尾以斑块状相连，这
些斑纹组合方式还会根据每种鱼的特色蔓延到鱼鳍部
分。就如同艺术品般，这些方式并不是单一无趣地出现
在某种鱼的身上，往往会相互组合，依据鱼身形态灵活
处理，而且在静穆变幻的色泽映衬中，有时已很难分辨
出具体的斑纹组合方式。有些种类的斑纹模式会绕过鳃
盖部分从头顶上方直达吻部，如虾虎类的，也有一些种
类，身体上的斑纹从尾部穿过鳃盖直达吻部，如黑鳍
鰊、小鰊。由于多种斑纹构成方式的随机组合，再加上
色彩冷暖的随性搭配，小小的淡水鱼身上进行着多种样

壳唇鱼

小鲹

禾山小鳔鮈

武昌副沙鳅

光唇鱼

宽鳍鳞

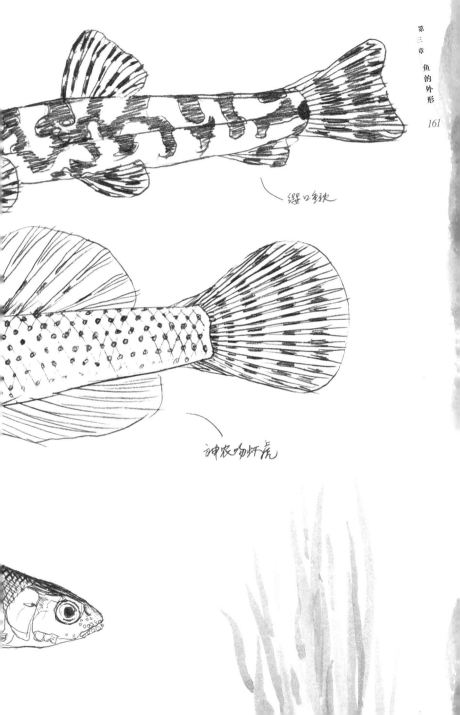

缨口鳅科

神农吻虾虎

式色彩纹样的艺术创作。当它们如艺术品般呈现在大家面前时，就不得不让我们赞叹造物的神奇。

这些淡水鱼还会根据不同的水底环境在一定范围内调整身体的色泽，如生活在以暖色砂石为河床的溪流中的虾虎鱼，就会在偏暖的浅色中着以深红色的斑纹，以求与水中环境色调统一。同一尾小鲦，在黑色卵石与水草密布的环境下，身体的条纹会变得更深，色泽也会更醒目，而在浅色砂石的水中时，条纹与色彩就变得浅淡起来。淡水鱼身上的斑纹色泽表现还与它们的精神状态有关，当它们受到惊吓或紧张而兴奋时，体色对比会加强，所以在野外采集时，往往刚出水的小鱼体色会显得更加艳丽。另外，我国淡水鱼类的背部整体色泽会更倾向于水下环境，当我们站在岸边透过水面观察时，它们侧身的表现是基本看不到的。因为它们的背部纹样与环境融为一体，好像隐身于水中，所以当鱼儿们真正美丽的一面被展现在我们面前时，很多人居然都不识得。

第六节
雌雄之间的差异

　　我国的淡水鱼类，不仅种类繁多形态各异，同种类的雌雄之间也存在着极大的差异。有些是体形上的，有些则表现在色泽和斑纹上。当然，也有雌雄之间几乎看不出什么差异的。

　　从体形上来看，成体的雄鱼都要大于同龄的雌鱼，雌鱼一般都会显得短小肥硕一些，而且雄鱼的头部都会更加硕大，其上的各个器官都显得更加夸张，一些类别的吻部乃至眼眶附近会长出瘤状角质的衍生物，我们称之为追星。

　　除了自身原有的色泽外，雄鱼在繁殖季节会让自己身上的色泽斑纹更加的艳丽和突出，我们把这种表现称之为婚姻色。有些极端的类别，雌性直接放弃色彩表现，而把色彩涂抹的决定权让给了雄性。如鳑类的鱼，

鳍鳞 幼体

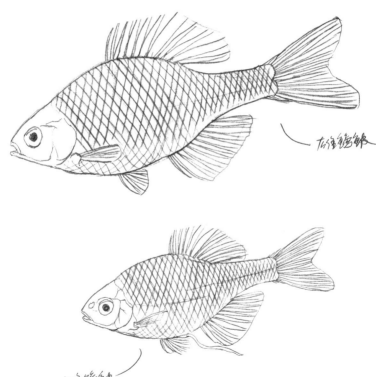

右侧鳍鳞

此体鳍鳞皮

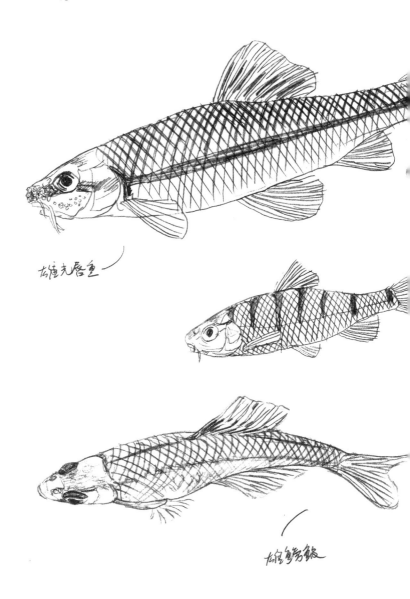

雄性光唇鱼

雄鲤鱼鱼鳞

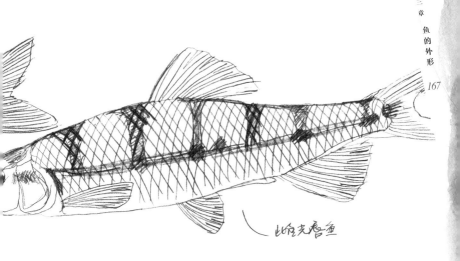

此金克唇鱼

幼鱼

此佳鳉鱼雌

雌鱼除了腹鳍前端拖着一条长长的产卵器外，身上没有任何奇特之处，长得也平淡无奇，单从色泽很难分辨出它们具体是哪种鳉类的雌鱼。相反的，雄鱼的体形和色泽变化明显，各种雄性的鳉都会披上各自不同的装扮和色彩，红、黄、蓝、绿、白、紫，尽其所能地打扮自己，从色泽上一眼就可以分辨出它们具体的种属。

除了体形和色泽的差异，在鱼鳍的表现上

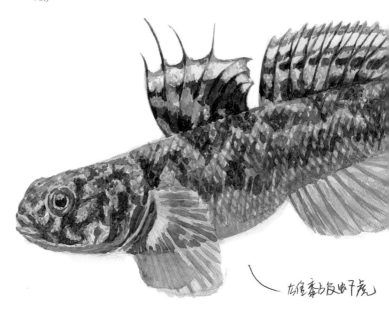

雄性黏皮虾虎

雌性黏皮虾虎

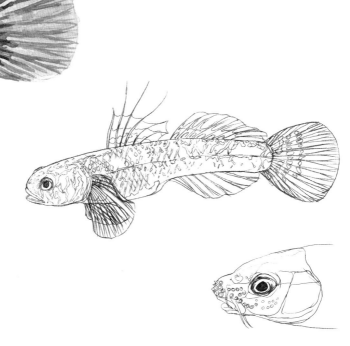

雌雄也会出现不同。如黏皮虾虎鱼，其雄鱼的背鳍比雌鱼多出三根被拉长的鳍条，类似的拉丝形态在斗鱼身上同样也有体现，雄性斗鱼不仅体格略大，色彩对比更强烈，背鳍与腹鳍会依据鱼的身体状态长出长长的拉丝。而鳢类的雄鱼则会用上另外的策略，它们不仅用上了艳丽的色彩而且拉伸了腹鳍最后的几根鳍条，使腹鳍后端显得异常宽大，雌雄之间的差异一目了然。

　　不同淡水体系在各自不同的条件下形成了各有差异的淡水生态及生物体系，各种资源与能量在自然的监督下不断重塑着淡水体系。

后记

我们的淡水

　　当雨水第一次接触地面，就开始了与地面物质的融合。各种无机物有机物进入水中，当淡水最终回到大海时，已经成为多种物质的混合液体，陆地上的物质通过这种方式进入到大海的循环当中。自然环境下，经过亿万年的演变与进化，不同淡水体系在各自不同的条件下形成了丰富多彩的淡水生态体系，各种生物依靠着这个体系维系着各自种群的繁衍生息。人类同样依靠着淡水体系生存。传统农耕生活方式下，人与淡水间维系着微妙的平衡。传统生活方式下产生的以有机物为主的废弃物，在一定程度上还会滋养淡水体系中的生物。特别是一些溪流途经村落的流域，丰富的有机物使得期间水生生物的种群大大超过山野流域。而且在传统生活方式下，人类对于淡水的索取也是有限的，自然之力足以在一定时间内修复被破坏和索取的部分。我们祖先遗留下来的一些大型水利工程，以现在的眼光来看，与自然是如此的和谐，它们早已成为自然的一部分。传统生活方式对于淡水的利用也是极其克制和谨慎的。中国传统村落中的引水入村在南方曾经较为普及，几乎家家门前有活水，村村有塘堰，一部分淡水在村落中循环一圈后，又重新回到它原来的淡水体系中。而村落中的淡水主要以人畜饮用、浆洗为主，对淡水系统的影响有限。但当人们的生活方式开始发生改变，索取的增加、工业的发展等，造成这种平衡迅速被打破。清澈的溪水，众多的生物短短几年便消失殆尽，有些甚至是我们还未曾认识的物种。如今这种变化还继续发生在我们身边。当大家对这种情形习以为常，也渐渐遗忘了自然本该拥有的面貌。

与朋友野外采集时说起国内淡水水域现状，不免感叹，治理得从源头抓起。近些年在社会大量关注下，工业污染治理方面较前些年已有改善，但仍旧任重而道远。

附录

1 寒武纪 Cambrian

5.41亿—4.85亿年前的地质年代，大量的无脊椎动物自此出现，被誉为"生命大爆发的时代"。

2 志留纪 Silurian

4.43亿—4.19亿年前的地质年代，脊椎类中的无颌鱼类得到大量的发展，有颌鱼类开始出现，为随后鱼类的世界奠定了基础。

3 头甲鱼 无颌鱼类甲胄鱼纲骨甲鱼亚纲

4 缺甲鱼 无颌鱼类甲胄鱼纲下的一个亚纲

5 牙形刺

寒武纪至三叠纪中最为神秘的海洋生物，属于早期脊椎动物中的鱼形动物，学术界内对其定义还有争论。

6 伊瑞芙甲鱼 *Errivaspis*

志留纪海洋中的无颌类鱼形生物，估计营水中游弋性生活，食性不详，有很强的游泳能力。

7 镰甲鱼 *Drepanaspis* 异甲鱼亚纲

志留纪海洋中的无颌类鱼形生物，估计营底栖杂食性生活，游泳能力一般。

8 咽鳞鱼 *Pharyngolepis* 缺甲鱼亚纲

志留纪海洋中的无颌类鱼形生物，估计营水中游弋性生活，食性不详，有很强的游泳能力。

9 盔甲鱼

10 珍奇秀甲鱼 *Geraspis rara*

志留纪海洋中的无颌类鱼形生物，估计营底栖杂食性生活，游泳能力一般。

11 三角形中华棘鱼 *Sinacanthus triangulatus*

志留纪海洋中的一种有颌类脊椎鱼形动物，有极好的游泳技能，标本采集于湖北武汉汉阳锅顶山。

12 锅顶山汉阳鱼 *Hanyangaspis guodingshanensis* 盔甲鱼亚纲

志留纪海洋中的一种无颌类鱼形动物，可能营底栖滤食生活，游泳能力较
差，标本采集于湖北武汉汉阳锅顶山。

13 麦穗鱼 *Pseudorasbora parva*

鲤形目Cypriniformes，鲤科Cyprinidae，麦穗鱼属*Pseudorasbora*，麦穗鱼
Pseudorasbora parva，体长50mm-80mm，小型杂食性鱼类，广布性淡水鱼
类，标本采集于湖北武汉。

14 青鳉 *Oryzias latipes*

颌针鱼目Beloniformes，大颌鳉科Adrianichthyidae，青鳉属*Oryzias*，青鳉
Oryzias latipes，体长25mm-30mm，广布性淡水鱼类，常见于池塘，溪沟以
及稻田沟渠中，以水体表层或水体中的有机碎屑为食，标本采集于湖北武
汉。

15 高体鳑鲏 *Rhodeus ocellatus*

鲤形目Cypriniformes，鲤科Cyprinidae，鳑鲏亚科Acheilognathinae，鳑鲏属
Rhodeus,高体鳑鲏 *Rhodeus ocellatus*，体长40mm-60mm，小型杂食性鱼
类，广布性淡水鱼类，标本采集于湖北武汉。

16 齐氏田中鳑鲏 *Tanakia chii*

鲤形目Cypriniformes，鲤科Cyprinidae，鳑鲏亚科Acheilognathinae，田中
鳑鲏属*Tanakia*，齐氏田中鳑鲏*Tanakia chii*，体长40mm-60mm，小型杂
食性鱼类，浙江。

17 越南鱊 *Acheilognathus tonkinensis*

鲤形目Cypriniformes，鲤科Cyprinidae，鳑鲏亚科Acheilognathinae，鱊属
Acheilognathus，越南鱊*Acheilognathus tonkinensis*，体长40mm-70mm，小型杂
食性鱼类，分布于黄河，淮河，长江，瓯江，闽江，珠江，元江及海南岛，
标本采集于广西柳州。

18 中华花鳅 *Cobitis sinensis*

鲤形目Cypriniformes，鳅科Cobitidae，花鳅亚科Cobininae，鳅属*Cobitis*，中

华花鳅*Cobitis sinensis*，体长60mm-90mm，底栖滤食性小型鱼类，喜生活于砂石质溪水河流中，除云贵，青藏高原外，广布于各地区河流水系中，标本采集于湖北咸宁。

19 短体副鳅 *Paracobitis potanini*

鲤形目Cypriniformes，鳅科Cobitidae，副鳅属*Paracobitis*，短体副鳅*Paracobitis potanini*，体长60mm-90mm，偏肉食的小型杂食性鱼类，喜卵石质溪流环境，分布于长江中上游及其附属水系，标本采集于湖北咸宁。

20 四川华吸鳅 *Sinogastromyzon szechuanensis*

鲤形目Cypriniformes，爬鳅科Balitoridae，爬鳅亚科Balitoriae，华吸鳅属*Sinogastromyzon*，四川华吸鳅*Sinogastromyzon szechuanensis*，体长50mm-70mm，小型底栖植食性鱼类，喜生活于卵石溪流中，分布于我国长江上游，标本采集于重庆巫溪。

21 原缨口鳅 *Vanmanenia stenosoma*

鲤形目Cypriniformes，爬鳅科Balitoridae，腹吸鳅亚科Gastromyzonninae，原缨口鳅属*Vanmanenia*，原缨口鳅*Vanmanenia stenosoma*，体长50mm-70mm，小型底栖植食性鱼类，喜生活于卵石溪流中，分布于我国长江中游的鄱阳湖水系和钱塘江，瓯江等浙江沿海各水系，标本采集于江西婺源。

22 珠江拟腹吸鳅 *Pseudogastromyzon fangi*

鲤形目Cypriniformes，平鳍鳅科Homalopteridae，腹吸鳅亚科Gastromyzoninae，拟腹吸鳅属*Pseudogastromyzon*，珠江拟腹吸鳅*Pseudogastromyzon fangi*，体长50mm-70mm，小型底栖植食性鱼类，喜生活于卵石溪流中，分布于我国珠江流域的北江，西江和长江支流湘江，标本提供者广东。

23 嘉陵颌须鮈 *Gnathopogon herzensteini*

鲤形目Cypriniformes，鲤科Cyprinidae，鮈亚科Gobioninae，颌须鮈属*Gnathopogon*，嘉陵颌须鮈 *Gnathopogon herzensteini*，体长50mm-60mm，小型杂食性鱼类，喜生活于卵石质溪流中，分布于我国嘉陵江，汉水，标本采集于湖北宜昌。

24 小鳈 *Sarcocheilichthys parvus*

鲤形目Cypriniformes，鲤科Cyprinidae，鮈亚科Gobioninae，鳈属*Sarcocheilichthys*，小鳈 *Sarcocheilichthys parvus*，体长50mm-60mm，小型杂食性鱼类，喜生活于卵石

质溪流中，分布于我国长江至珠江间各水系，标本采集于江西婺源。

25 乐山小鳔鮈 *Microphysogobio kiatingensis*

鲤形目Cypriniformes，鮈亚科Gobioninae，小鳔鮈属Microphysogobio，乐山小鳔鮈*Microphysogobio kiatingensis*，体长50mm-60mm，小型底栖滤食性鱼类，喜生活于泥沙质河流中，分布于我国长江中上游，灵江，钱塘江，珠江等水系，标本采集于湖北英山。

26 黑鳍鳈 *Sarcocheilichthys nigripinnis*

鲤形目Cypriniformes，鮈亚科Gobioninae，鳈属*Sarcocheilichthys*，黑鳍鳈*Sarcocheilichthys nigripinnis*，体长60mm-80mm，小型杂食性鱼类，广泛分布于我国中部南部各水域，标本采集于湖北武汉。

27 白缘鿳 *Liobagrus marginatus*

鲇形目Siluriformes，钝头鿳科Amblycipitidae，鿳属*Liobagrus*，白缘鿳*Liobagrus marginatus*，体长50mm-80mm，小型食肉性淡水鱼类，捕食小型鱼类，水生甲壳类动物，溪流卵石中生存，广泛分布于我国长江流域中上游，标本采集于湖北咸宁。

28 大刺鳅 *Mastacembelus armatus*

合鳃鱼目Synbranchiformes，刺鳅科Mastacembelidae，刺鳅属*Mastacembelus*，大刺鳅*Mastacembelus armatus*，体长150mm-250mm，小型食肉性淡水鱼类，捕食小型鱼类及水生甲壳类动物，广泛分布于我国长江流域以南各水系，标本采集于湖北武汉。

29 黏皮虾虎鱼 *Mugilogobius myxodermus*

鲈形目Perciformes，虾虎鱼科Gobiidae，黏皮虾虎鱼属*Mugilogobius*，黏皮虾虎*Mugilogobius myxodermus*，体长30mm-45mm，小型食肉性淡水鱼类，捕食小型鱼类及水生甲壳类动物，广泛分布于我国长江，瓯江，九龙江，珠江等水系，标本采集于湖北武汉。

30 波氏吻虾虎鱼 *Rhinogobius cliffordpopei*

鲈形目Perciformes，虾虎鱼科Gobiidae，吻虾虎鱼属*Rhinogobius*，波氏吻虾虎鱼*Rhinogobius cliffordpopei*，体长40mm-65mm，小型食肉性淡水鱼类，捕食小型鱼类及水生甲壳类动物，广泛分布于我国黑龙江，辽河，黄河，长江，钱塘江，珠江等水系，标本采集于湖北武汉。

31 乌岩岭吻虾虎鱼 *Rhinogobius wuyanlingensis*

鲈形目Perciformes，虾虎鱼科Gobiidae，吻虾虎鱼属*Rhinogobius*，乌岩岭吻虾虎鱼*Rhinogobius wuyanlingensis*，体长30mm-45mm，小型食肉性淡水鱼类，捕食小型鱼类，水生甲壳类动物，溪流卵石中生存，分布于我国长江，瓯江，九龙江，珠江等水系，标本采集于江西婺源。

32 武义吻虾虎鱼 *Rhinogobius wuyiensis*

鲈形目Perciformes，虾虎鱼科Gobiidae，吻虾虎鱼属*Rhinogobius*，武义吻虾虎鱼*Rhinogobius wuyiensis*，体长40mm-65mm，小型食肉性淡水鱼类，捕食小型鱼类，水生甲壳类动物，溪流卵石中生存，分布于我国浙江水系，标本采集于浙江建德。

33 神农吻虾虎鱼 *Rhinogobius shennongensis*

鲈形目Perciformes，虾虎鱼科Gobiidae，吻虾虎鱼属*Rhinogobius*，神农吻虾虎鱼*Rhinogobius shennongensis*，体长40mm-70mm，小型食肉性淡水鱼类，捕食小型鱼类，水生甲壳类动物，溪流卵石中生存，分布于我国湖北，江西，安徽，浙江各水系，标本采集于浙江建德。

34 戴氏吻虾虎鱼 *Rhinogobius davidi*

鲈形目Perciformes，虾虎鱼科Gobiidae，吻虾虎鱼属*Rhinogobius*，戴氏吻虾虎鱼*Rhinogobius davidi*，体长40mm-60mm，小型食肉性淡水鱼类，捕食小型鱼类及水生甲壳类动物，溪流卵石中生存，分布于我国浙江，福建各水系，标本采集于浙江建德。

35 圆尾斗鱼 *Macropodus ocellatus*

鲈形目Perciformes，斗鱼亚科Macropodusinae，斗鱼属*Macropodus*，圆尾斗鱼*Macropodus ocellatus*，体长60mm-80mm，小型食肉性淡水鱼类，捕食小型鱼类，水生甲壳类生物，喜水草丰茂静水水域，分布于海河，黄河，淮河，长江各水系，标本采集于湖北武汉。

36 叉尾斗鱼 *Macropodus opercularis*

鲈形目Perciformes，斗鱼亚科Macropodusinae，斗鱼属*Macropodus*，叉尾斗鱼*Macropodus opercularis*，体长60mm-80mm，小型食肉性淡水鱼类，捕食

小型鱼类，水生甲壳类生物，喜水草丰茂静水水域，分布于长江以南各水系，标本采集于湖北武汉。

37 间下鱵 *Hyporhamphus intermedius*

颌针鱼目Beloniformes，鱵科Hemiramphidae，下鱵属*Hyporhamphus*，间下鱵*Hyporhamphus intermedius*，体长90mm-1500mm，小型食肉性淡水鱼类，捕食小型鱼类，水生甲壳类生物，喜水域开阔水面，分布于长江以南各水系，标本采集于湖北黄陂。

38 拟细鲫 *Nicholsicypris normalis*

鲤形目Cypriniformes，鲤科Cyprinidae，拟细鲫属*Nicholsicypris*，拟细鲫*Nicholsicypris normalis*，体长50mm-70mm，小型杂食性鱼类，分布于广东南部的珠江支流，广西南流江和钦江水系，标本提供者广东惠州两江原生鱼基地。

39 小黄黝鱼 *Hypseleotris swinhonis*

鲈形目Perciformes，塘鳢科Eleotridae，黄黝鱼属*Hypseleotris*，小黄黝鱼*Hypseleotris swinhonis*，体长30mm-50mm，小型食肉性淡水鱼类，捕食小型水生甲壳类生物，喜水草丰茂静水水域，广泛分布于我国各水系，标本采集于武汉。

40 萨氏华黝鱼 *Sineleotris saccharae*

鲈形目Perciformes，华黝鱼属*Sineleotris*，萨氏华黝鱼*Sineleotris saccharae*。体长40mm-100mm，小型食肉性淡水鱼类，捕食小型鱼类和水生甲壳类生物，分布于广东韩江，龙津河，东江，漠阳江水系，标本提供者广东惠州两江原生鱼基地。

（鄂）新登字 08 号

图书在版编目(CIP)数据

身边的鱼 / 张国刚著. — 武汉：武汉出版社，2019.4(2021.1重印)

ISBN 978 - 7 - 5582 - 2608 - 3

I. ①身… Ⅱ. ①张… Ⅲ. ①淡水鱼 - 普及读物 Ⅳ. ①Q959.4 - 49

中国版本图书馆 CIP 数据核字(2018)第 265563 号

著　　者：张国刚

责任编辑：刘从康　王　俊

装帧设计：黄彦工作室

督　　印：方　雷　代　湧

出　　版：武汉出版社

社　　址：武汉市江岸区兴业路 136 号　　邮　　编：430014

电　　话：(027)85606403　85600625

http://www.whcbs.com　　E-mail:zbs@whcbs.com

印　　刷：武汉市金港彩印有限公司　　经　　销：新华书店

开　　本：787 mm×1092 mm　1/32

印　　张：6　　字　　数：150 千字

版　　次：2019 年 4 月第 1 版　　2021 年 1 月第 2 次印刷

定　　价：38.00 元